Berichte zur Lebensmittelsicherheit 2006

Lebensmittel-Monitoring

Gemeinsamer Bericht des Bundes und der Länder

Inhaltsverzeichnis

1 Zusammenfassung/Summary

Das Lebensmittel-Monitoring (Monitoring) ist ein System wiederholter repräsentativer Messungen und Bewertungen von Gehalten an unerwünschten Stoffen wie Rückstände von Pflanzenschutz-, Schädlingsbekämpfungs- und Tierarzneimitteln, sowie Schwermetalle und andere Kontaminanten in und auf Lebensmitteln.

Seit 2003 wird das Monitoring in zwei sich ergänzenden Untersuchungsprogrammen durchgeführt: Untersuchung von Lebensmitteln des aus dem Ernährungsverhalten der Bevölkerung entwickelten Warenkorbes[1], um die Rückstands- und Kontaminationssituation unter repräsentativen Beprobungsbedingungen weiter verfolgen zu können (Warenkorb-Monitoring), und Untersuchungen zu speziellen aktuellen Fragestellungen in Form von Projekten (Projekt-Monitoring). Im Warenkorb- und im Projekt-Monitoring wurden im Jahr 2006 insgesamt 4356 Proben in- und ausländischer Herkunft untersucht.

Aus dem Warenkorb sind folgende Lebensmittel ausgewählt worden:

Lebensmittel tierischer Herkunft:
– Camembertkäse/Brie, Gorgonzola (Blauschimmelkäse), Fetakäse,
– Butter,
– Hühnereier, Vollei (flüssig/getrocknet),
– Rinderleber, Kalbsleber, Schweineleber,
– Rinderniere, Kalbsniere, Schweineniere,
– Haifisch, Thunfisch, Schwertfisch,
– Räucheraal,
– Dorschleber in Öl (Konserve).

Lebensmittel pflanzlicher Herkunft:
– Rapsöl, Sonnenblumenöl,
– Weizenkörner,
– Eichblattsalat, Lollo rosso/bianco,
– Blumenkohl,
– Gemüsepaprika,
– Honigmelone, Netzmelone, Kantalupmelone,
– Aubergine,

– Erbsen, tiefgefroren,
– Tomatensaft,
– Tafelweintraube,
– Banane,
– Orangensaft,
– Schokolade,
– Tee (unfermentiert/fermentiert).

In Abhängigkeit von dem zu erwartenden Vorkommen unerwünschter Stoffe wurden die Lebensmittel auf Rückstände von Pflanzenschutzmitteln (Insektizide, Fungizide, Herbizide) und Tierarzneimitteln, auf Kontaminanten (z. B. persistente Organochlorverbindungen, Moschusverbindungen, Elemente, Nitrat, Mykotoxine) und toxische Reaktionsprodukte geprüft.

Im Projekt-Monitoring wurden folgende 10 Themen bearbeitet:
– Fumonisine in maishaltiger Säuglingsnahrung und diätetischen Lebensmitteln auf Maisbasis,
– Nitrat in Feldsalat,
– Phthalate in fetthaltigen Lebensmitteln,
– Dioxine und dioxinähnliche PCB in Säuglings- und Kleinkindernahrung,
– Pflanzenschutzmittelrückstände aus Einzelfruchtanalysen von Paprika,
– Pharmakologisch wirksame Stoffe in Aalen,
– Ochratoxin A (OTA) in Trockenobst außer Weintrauben,
– Herbizid-Rückstände in bestimmten Gemüsearten,
– Bromid-, Nitrat- und Schwefelkohlenstoffgehalte in Rucola und
– Triphenylmethanfarbstoffe in importierten Fischen und Fischerzeugnissen.

Soweit Vergleiche mit Ergebnissen aus den Vorjahren möglich waren, wurden diese bei der Interpretation der Befunde berücksichtigt. Es wird aber ausdrücklich betont, dass sich alle in diesem Bericht getroffenen Aussagen und Bewertungen zur Kontamination der Lebensmittel nur auf die 2006 untersuchten Lebensmittel sowie Stoffe bzw. Stoffgruppen beziehen.

Insgesamt unterstreichen die Ergebnisse des Lebensmittel-Monitorings 2006 erneut die Empfehlung, die Ernährung ausgewogen und abwechslungsreich zu gestalten, weil sich auch dadurch die teilweise unvermeidliche nahrungsbedingte Aufnahme unerwünschter Stoffe am ehesten auf ein Minimum reduzieren lässt.

---

[1] Schroeter, A., Sommerfeld, G., Klein, H. und Hübner, D. (1999) Warenkorb für das Lebensmittel-Monitoring in der Bundesrepublik Deutschland. Bundesgesundheitsblatt 1:77–83.

Die Ergebnisse aus dem Warenkorb- und Projekt-Monitoring 2006 stellen sich im Einzelnen wie folgt dar:

Lebensmittel tierischer Herkunft

- Die aus dem europäischen Ausland stammenden **Camembert** und **Brie**, **Gorgonzola (Blauschimmelkäse)** und **Feta** enthielten nur geringe Mengen an unerwünschten Stoffen. Nur vereinzelt traten geringfügige Überschreitungen des zulässigen Höchstgehalts für Blei in Camembert und Brie auf.
- Dänische und irische **Butter** war lediglich gering mit den ubiquitären organischen Verbindungen verunreinigt. Der häufige Nachweis der Lösungsmittel Toluol und Chloroform, die mittelgradige Kontamination mit leichtflüchtigen chlorierten Kohlenwasserstoffen und vereinzelte Gehalte an BTEX-Aromaten sollten allerdings Anlass sein, über weitere Datenerhebungen die Grundlage für eine fundierte Risikobewertung zu legen, die Eintragspfade zu identifizieren und Minimierungsstrategien zu entwickeln.
- **Hühnereier, flüssiges und getrocknetes Vollei** sowie die **Leber** von Rind, Kalb und Schwein waren nur gering mit unerwünschten organischen Stoffen und Schwermetallen kontaminiert.
- Die Kontamination von **Rinder-, Kalbs- und Schweinenieren** mit Schwermetallen war insgesamt gering, die Konzentrationen haben sich über die Jahre aber kaum verändert. In je einer Probe Rinder- und Kalbsnieren war der Höchstgehalt für Blei überschritten. Schweinenieren enthielten weniger OTA als früher. Es sind weitere Anstrengungen zur Verminderung der Schwermetall- und OTA-Kontamination des Tierfutters zu unternehmen.
- **Schwertfische** und **Thunfische** waren gering, **Haifische** jedoch stärker mit unerwünschten organischen Stoffen kontaminiert. Die Schwermetallkontamination war bei Thunfischen gering, bei Haifischen und Schwertfischen bezüglich Cadmium und Quecksilber jedoch mittelgradig bis hoch, so dass von einem übermäßigen Verzehr dieser Fische abzuraten ist.
- **Räucheraal** war nur gering mit Schwermetallen und den beim Räuchern gebildeten polycyclischen aromatischen Kohlenwasserstoffen (PAK) verunreinigt, enthielt aber fast immer mehrere der ubiquitären organischen Umweltkontaminanten, allerdings meist unterhalb der zulässigen Höchstmengen. Die gleichfalls im Rauchgas enthaltenen BTEX-Aromaten wurden häufig bestimmt. Rückstände pharmakologisch wirksamer Substanzen wurden in Räucheraal nicht gefunden.
- In **frischem Aal** wurden vereinzelt Spuren von Malachitgrün und Leukomalachitgrün nachgewiesen. Bei der Untersuchung weiterer 178 Proben **verschiedener Fischarten** wurde Malachitgrün nur in je einer Probe **Karpfen** und **Regenbogenforelle** gefunden. Aufgrund der potenziellen Gesundheitsgefährdung und wegen des hohen Missbrauchpotenzials sollte die Rückstandssituation von nicht zugelassenen Tierarzneimitteln weiter beobachtet werden.
- **Dorschleber** war in erhöhtem Maße mit Organochlorverbindungen, insbesondere mit Dioxinen und dioxinähnlichen PCB kontaminiert. In jeder Probe wurden diese unerwünschten organischen Stoffe gefunden. Außerdem fielen erhöhte Cadmium-Gehalte auf.

Lebensmittel pflanzlicher Herkunft

- Die **kaltgepressten Raps- und Sonnenblumenöle** waren gering mit PAK und BTEX kontaminiert.
- **Weizen** war nach wie vor nur gering mit Pflanzenschutzmittelrückständen und Schwermetallen verunreinigt. Die Kontamination mit den Mykotoxinen Deoxynivalenol (DON), OTA und Zearalenon war geringer als in den Vorjahren. Höchstgehalte waren nur je einmal für Cadmium und DON überschritten.
- Spezielle Untersuchungen zeigten, dass **maishaltige Säuglingsnahrung**, wie Getreidebeikost, Zwieback und Kekse für Säuglinge und Kleinkinder nur wenig Fumonisine enthalten, aber **diätetische gliadinfreie Lebensmittel auf Maisbasis** zum Teil stark mit diesen Mykotoxinen kontaminiert sein können. Wegen häufiger Höchstgehaltsüberschreitungen und gelegentlichen Überschreitungen der langfristigen tolerierbaren täglichen Aufnahmemenge (TDI) ist für diese Produkte eine kontinuierliche Überwachung erforderlich. Seitens der Hersteller sind geeignete Maßnahmen einzuleiten, um eine nachhaltige Minimierung der Kontamination zu erreichen.
- Das untersuchte **Gemüse** wies nur geringe Gehalte an Schwermetallen auf. Gleiches gilt für **Tomatensaft**, der außerdem wenig Mykotoxine enthielt.
- Bei **Eichblattsalat** und **Lollo rosso/bianco** sind geeignete Maßnahmen zur Verringerung der Rückstandsgehalte von Pflanzenschutzmittelwirkstoffen und der Nitratgehalte erforderlich, da sie mit diesen Stoffen nach wie vor mittelgradig bis erhöht kontaminiert waren. Über den Höchstmengen lagen 5,6 % und 11,5 % der Pflanzenschutzmittelrückstände in Lollo rosso/bianco bzw. in Eichblattsalat sowie etwa 8 % der Nitratgehalte in beiden Salatarten. Bei einigen Rückstandsgehalten von Pflanzenschutzmitteln wurden nach Expositionsabschätzung zudem Überschreitungen der akuten Referenzdosis (ARfD) festgestellt.
- **Auberginen, Blumenkohl, tiefgefrorene Erbsen, Honig-, Netz- und Kantalupmelonen** waren gering mit Pflanzenschutzmittelrückständen kontaminiert. Höchstmengen waren überschritten bei Auberginen in 4 % der Proben, bei Erbsen in 4,9 % der Proben sowie bei Honig-, Netz- und Kantalupmelonen in 2 % der Proben.
- **Gemüsepaprika** war mittelgradig mit Pflanzenschutzmittelrückständen kontaminiert. In 8,8 % der Proben lagen Gehalte über den zulässigen Höchstmengen. Die Rückstandssituation sollte weiterhin kontinuierlich beobachtet werden. Das gilt insbesondere für Paprika aus Herkunftsstaaten, die nach wie vor durch Höchstmengenüberschreitungen auffallen. Hauptaugenmerk ist zudem auf Wirkstoffe zu richten, deren Rückstandsgehalte die ARfD zu mehr als 100 % ausschöpfen.
- **Feldsalat** wies gleichermaßen erhöhte Nitratgehalte auf wie andere Salate. Da man die Verzehrsmenge an Feldsalat mit der von anderen Salaten vergleichen kann, ist aus

Vorsorgegründen gemäß der Risikobewertung des Bundesinstituts für Risikobewertung (BfR) die Festlegung eines Höchstgehalts für Nitrat wünschenswert.

- Bei konventionell angebautem **Rucola** aus Italien waren die Höchstmengen für Bromid und für Rückstände fungizider Dithiocarbamate (DTC; bestimmt als Schwefelkohlenstoff) in mehr als 10 % der Proben überschritten, in deutscher Ware nur bei DTC in 6,4 % der Proben. In ökologisch angebautem Rucola lagen die Gehalte unter den zulässigen Höchstwerten. Beide Stoffe können auch natürlichen Ursprungs sein. Zu Bromid besteht deshalb Handlungsbedarf im Sinne einer Ursachenermittlung und möglicherweise einer Höchstmengenanpassung. Die Untersuchungen zum Schwefelkohlenstoffgehalt als möglichen DTC-Rückstand deuten den Einfluss natürlicher Inhaltsstoffe an, bedürfen aber noch weiterer Vertiefung und Festlegung definierter Untersuchungsbedingungen, um falsch positive Befunde zu vermeiden. Außerdem wurde die bekannt hohe Nitratbelastung von Rucola bestätigt, wobei auch hier italienische Ware die höchsten Gehalte aufwies. Für Rucola sollte gemäß der Risikobewertung des BfR die Einführung eines Höchstgehalts für Nitrat erwogen werden.

- Bei speziellen Untersuchungen von **Blatt-, Frucht-, Spross- und Wurzelgemüse** wurden Herbizid-Rückstände relativ häufig gefunden. Insgesamt waren die Herbizid-Gehalte sehr gering und lagen nur in 2,4 % der Proben über den Höchstmengen. Hinsichtlich toxikologischer Relevanz spielen diese nur eine untergeordnete Rolle. Aufgrund vorhandener Beanstandungen und der Nachweishäufigkeit leisten Herbizide aber einen nicht zu vernachlässigenden Beitrag zur Gesamtbelastung der Lebensmittel mit Pestiziden und sollten deshalb ständig im Untersuchungsspektrum eines Pestizidrückstandslabors enthalten sein. Unter Einbeziehung der Rückstände aller Pflanzenschutzmittelgruppen lagen die Höchstmengenüberschreitungen bei 7 %; dabei für einige Küchenkräuter im Bereich von 10–14 %.

- **Bananen** und **Orangensaft** enthielten nach wie vor nur geringe Pflanzenschutzmittelrückstände.

- **Tafelweintrauben** waren gering mit Schwermetallen, aber nach wie vor mittelgradig mit Rückständen von Pflanzenschutzmitteln kontaminiert, dabei europäische stärker als die aus Südafrika oder Südamerika. In 8,5 % der Proben lagen Konzentrationen über Höchstmengen. Da sich die Rückstandssituation in den letzten Jahren nicht wesentlich verbessert hat, sollten verstärkt Minimierungsstrategien umgesetzt werden, um sowohl die Anzahl als auch die Gehalte der Rückstände nachhaltig zu verringern.

- Von **Trockenobst** verschiedener Sorten (außer Weintrauben) waren Kernobst, Steinobst und Obst-Mischungen kaum mit OTA verunreinigt, relativ häufig jedoch exotische Früchte. Überschreitungen der in Deutschland für Feigen geltenden Höchstmenge lagen in 8 % der untersuchten Feigen vor. Im Rahmen des vorbeugenden Verbraucherschutzes sollte EU-weit ein Höchstgehalt für OTA in Feigen festgelegt werden. Darüber hinaus wird die regelmäßige Untersuchung von Feigen für erforderlich gehalten. Ein

auffälliger Befund bei Cranberries sollte wegen der wachsenden Marktbedeutung dieser Früchte gleichfalls Anlass für die weitere Beobachtung sein.

- Die Kontamination der trockenen Teeblätter mit Pflanzenschutzmittelrückständen war wie schon im Jahr 2002 bei **grünem (unfermentiertem) Tee** erhöht und bei **schwarzem (fermentiertem) Tee** gering. 13,8 % bzw. 2,3 % der Proben wiesen Gehalte über den zulässigen Höchstmengen auf. Der verzehrsfertige Aufguss von grünem und schwarzem Tee ist nur gering mit Schwermetallen kontaminiert.

Sonstige Lebensmittel

- **Bitterschokolade** enthielt nur sehr geringe Mengen an PAK. Relativ häufige Nachweise von OTA sollten aber Anlass sein, bei der Kakaoherstellung verstärkt auf die Minimierung des Schimmelpilzbefalls zu achten. Mit Ausnahme von Cadmium war die Kontamination mit anderen Schwermetallen gering. Die Cadmium-Gehalte waren nach wie vor relativ hoch.

- In **Komplettmahlzeiten für Säuglinge und Kleinkinder** wurden nur sehr geringe Konzentrationen von Dioxinen und dioxinähnlichen PCB gefunden.

Spezielle Untersuchungen

- In einer Schwerpunktuntersuchung auf **Phthalate in fetthaltigen Lebensmitteln** war Di-n-butylphthalat (DBP) in **Reis** und in **Weizenvollkornmehl** in mehr als 50 % der Proben nachweisbar, bei **pflanzlichen Ölen (Raps-, Sonnenblumen-, Oliven- und Distelöl)** waren positive Befunde dagegen selten, aber mit vereinzelt relativ hohen Gehalten. Di(2-ethylhexyl)phthalat (DEHP) fand sich weniger häufig und meist in geringerer Menge als DBP, und in Reis und Mehl gab es für Di-iso-butylphthalat (DIBP) einige positive Befunde. **Säuglingsmilchnahrung** war sehr gering mit DBP und DEHP belastet. Die simultane Anwendung eines Bioassay, mit dem ein Teil der Ölproben auf eine estrogene Wirksamkeit geprüft wurde, ergab trotz methodischer Schwierigkeiten, die noch gelöst werden müssen, eine recht gute Übereinstimmung zwischen gaschromatographischer Analyse und Bioassay.

- Untersuchungen an **Gemüsepaprika** haben gezeigt, dass **Einzelfruchtanalysen**, die zur Beurteilung akuter Risiken beim Verzehr einer üblichen Portion, z. B. einzelner Früchte, herangezogen werden sollen, mit den modernen Analysenmethoden unproblematisch durchführbar sind. Dabei werden wahrscheinlich mehr Rückstände erkannt als auf Grund des Verdünnungseffekts in Mischproben. In der Bewertung der Relevanz der Einzelfruchtanalysen steht aber der hohe Aufwand dem Informationsgewinn für die Beurteilung des akuten Risikos gegenüber. In keinem der untersuchten Fälle wurde durch die Einzelfruchtanalysen eine Exposition festgestellt, die mit einem höheren akuten Risiko für den Verbraucher zu bewerten war. Weitere Untersuchungen, auch an anderen Lebensmitteln, sind notwendig, um darüber tatsächliche Expositionen realistischer abschätzen zu können.

Summary

The Food Monitoring Scheme is a system of repeated represent-ative measurements and evaluations of levels of undesirable substances in and on foodstuffs, including residues of plant protection products, pesticides and veterinary drugs, heavy metals and other contaminants.

Food monitoring has been made up of two complementary analytic programmes since 2003. One consists in examination of foodstuffs selected from a market basket developed on the basis of a statistical analysis of dietary habits[1], with the aim to watch the situation of contamination and residues under rep-resentative sampling conditions. This is called market basket monitoring. The other programme consists in examination of particular problems in the framework of special projects, called project monitoring. In the framework of both programmes, a total of 4,356 samples of domestic and foreign origins were analysed in 2006.

The following foodstuffs were selected from the market basket:

Food of animal origin:
- Camembert/Brie, Gorgonzola (blue mould cheese), Feta cheese,
- Butter,
- Chicken eggs, whole egg (liquid/dried),
- Liver of cattle, calf, and swine,
- Kidney of cattle, calf, and swine,
- Shark, tuna, swordfish,
- Smoked eel,
- Cod liver in oil (tinned).

Food of vegetal origin:
- Rape seed oil, sunflower oil,
- Wheat grains,
- Red oak leaf lettuce, lollo rosso/bianco,
- Cauliflower,
- Sweet peppers,
- Honeydew melon, net musk melon, cantaloupe,
- Aubergine,
- Peas, deep-frozen,
- Tomato juice,
- Table grapes,
- Banana,
- Orange juice,
- Chocolate,
- Tea (unfermented/fermented).

Depending on what undesirable substances would be ex-pected, the foods were analysed for residues of plant protec-tion products (insecticides, fungicides, herbicides), veterinary drugs, contaminants (persistent organo-chlorine compounds, musk compounds, elements, nitrate, mycotoxins), and toxic re-action products.

Project monitoring dealt with the 10 following subjects:
- Fumonisines in maize-containing infant food and maize-based dietetic food,
- Nitrate in lamb's lettuce,
- Phthalates in fat-containing foods,
- Dioxins and dioxin-like PCBs in infant food,
- Residues of plant protection products in single fruits of sweet peppers,
- Pharmacologically active substances in eel,
- Ochratoxin A (OTA) in dried fruit, except grapes,
- Herbicide residues in some vegetables,
- Levels of bromide, nitrate, and carbon disulphide in rucola,
- Triphenylmethane dyes in imported fish and fish products.

Interpretation of findings included a comparison with findings from previous years, where this was possible. Yet, we explicitly stress that all statements and evaluation about contamination of foodstuffs made in this report solely refer to the foodstuffs and substances or substance groups analysed in 2006.

Generally, the findings of the 2006 food monitoring pro-gramme again support the recommendation that nutrition should be manifold and balanced, as this is an efficient way to minimise the dietary intake of undesirable substances, which is unavoidable to some degree.

In particular, findings from the 2006 market basket and project monitoring programmes are summarised as follows:

Food of animal origin
- Samples of **Camembert, Brie, Gorgonzola** and **Feta** chees-es, all of foreign origin, carried only minor levels of undesir-able substances. There were only some single cases of non-compliance with the maximum level for lead in Camembert and Brie.
- Danish and Irish **butter** was only slightly contaminated with ubiquitous organic compounds. Yet, there were fre-quent findings of the solvents toluene and chloroform, a medium-degree contamination with volatile chlorinated hydrocarbons, and some single findings of BTEX aromatics, which should be reason enough to compile further data as a foundation of a solid risk assessment, identification of entry paths, and development of minimisation strategies.
- **Chicken eggs, liquid** and **dried whole egg,** and **liver of cattle, calf and swine** carried only low levels of contamina-tion with undesirable organic substances and heavy met-als.
- Contamination of **kidney of cattle, calf and swine** with heavy metals was generally low, but concentrations have hardly changed over years. One sample of cattle kidney and one sample of calf kidney exceeded the maximum level for lead. Kidney of swine contained less OTA than in earlier years. It is important to continue efforts to reduce contami-nation of animal feed with heavy metals and OTA.
- **Swordfish** and **tuna** were only to low degree, **shark** to higher degree, contaminated with unwanted organic sub-stances. Contamination with heavy metals was low in tuna, but with regard to cadmium and mercury, of medium to

[1] Schroeter, A., Sommerfeld, G., Klein, H. and Hübner, D. (1999) Warenkorb für das Lebensmittelmonitoring in der Bundesrepublik Deutschland (Market Basket for Food Monitoring Purposes in the Federal Republic of Germany). Bundesgesund-heitsblatt 1:77-83.

high degree in shark and swordfish. The latter finding prompts a recommendation not to eat too much of these two fish.

- **Smoked eel** showed only low levels of contamination with heavy metals and polycyclic aromatic hydrocarbons (PAH) which are formed during the smoking process. However, it nearly always contained several of the ubiquitous organic environmental contaminants, though mostly below the permitted maximum level. BTEX aromatics, which are also contained in smoke gas, were frequently detected. Residues of pharmacologically active substances were not found in smoked eel.
- In some single cases, **fresh eel** carried traces of malachite green and leuco-malachite green. Analysis of another 178 samples of **various sorts of fish** produced only two more findings of malachite green, one in **carp** and one in **rainbow trout**. The residue situation as regards unauthorised veterinary drugs should continue to be monitored because of the potential health risks and because of the great potential of abuse.
- **Cod liver** showed an increased level of contamination with organo-chlorine compounds, in particular dioxins and dioxin-like PCBs, which were found in every sample. Increased cadmium levels were also conspicuous.

Food of vegetal origin

- Cold-pressed **rape seed and sunflower oils** showed low levels of contamination with PAHs and BTEX.
- Contamination of **wheat** with plant protection product residues and heavy metals continued to be low. Contamination with the mycotoxins deoxynivalenol (DON), OTA, and zearalenone had declined from previous years. Non-compliance with maximum levels was found only twice, namely with cadmium and DON.
- Specific analyses showed that **maize-containing infant food**, such as supplementary wheat-based baby food, *zwieback*, and children's biscuits, contain only few fumonisines, while **maize-based dietetic, gliadin-free food** may sometimes be highly contaminated with that kind of mycotoxins. The latter products must be continually watched because of frequent non-compliance with maximum levels, which would occasionally even lead to an exceeding of the tolerable daily intake (TDI). Producers should be encouraged to permanently reduce contamination.
- The **vegetables** analysed carried only low levels of heavy metals. The same holds for **tomato juice**, which also contained low levels of mycotoxins.
- Findings in **red oak leaf lettuce** and **lollo rosso/bianco** show that more and appropriate measures are necessary to reduce residues of plant protection products and nitrate levels, because these substances were still present at medium to high degree. 5.6% of the plant protection product residues found in lollo rosso/bianco and 11.5% of the residues in red oak leaf lettuce, and 8% of nitrate findings in both kinds of lettuce, exceeded maximum levels. Exposure assessments have also shown that some of the residue findings would even lead to an exceeding of the acute reference dose (ARfD).

- **Aubergines, cauliflower, deep-frozen peas,** and **honeydew, cantaloupe and net musk melons** carried low levels of plant protection product residues. Non-compliance with maximum residue levels (MRLs) was found in 4% of the aubergines, 4.9% of the pea samples and 2% of the melon samples.
- **Sweet peppers** were contaminated to medium degree with plant protection product residues. Non-compliance with MRLs was found in 8.8% of samples. The residue situation should continue to be permanently monitored, with a particular eye to sweet peppers from those producer countries which are still conspicuous for non-compliance with MRLs. Attention should be focussed on those active substances of plant protection products the residues of which would lead to an exceeding of the ARfD.
- **Lamb's lettuce** showed the same high nitrate levels as other lettuce varieties. As consumption amounts are comparable to those of other lettuce varieties, it is recommended to establish a maximum level for nitrate for precautionary purposes, according to the risk assessment of the Federal Institute for Risk Assessment (BfR).
- In conventionally produced **rucola** from Italy, more than 10% of all samples carried bromide and residues of dithiocarbamates (DTC, measured as carbon disulphide) above the MRLs. Samples of German origin complied with the bromide maximum level and exceeded the MRL of DTC in 6.4% of the measurements. Organically grown rucola did not exceed MRLs. Both substances may naturally occur in the plant. It is therefore necessary to identify the sources of bromide, and to eventually adjust the relevant maximum residue level. Analyses of carbon disulphide levels as a possible residue of DTC take account of the influence of inherent substances, but require more profound studies and definition of analytical conditions to avoid misleading positive findings. The findings confirmed once again that rucola carries high nitrate levels, the highest occurring in Italian product. According to the risk assessment of BfR, establishment of a maximum level for nitrate should be considered.
- Residues of herbicides were relatively frequently found in specific analyses of various vegetables, including **leaf, fruiting, sprouting, and root vegetables**. Actual herbicide levels, however, were very low overall, and exceeded MRLs only in 2.4% of samples. Toxicologically, these findings are not important. Yet, the frequency of detection and complaints mean that herbicides account for a noticeable share in the overall contamination of foods with plant protection products and should therefore be a permanent part of the analytic target spectrum of any laboratory analysing pesticide residues. Considering residues of all groups of plant protection products, non-compliance with MRLs amounted to 7%, while it reached 10 to 14% in some kitchen herbs.
- **Bananas** and **orange juice** still contained only low levels of plant protection product residues.
- **Table grapes** carried low levels of heavy metals, but still medium levels of plant protection product residues, with European product being more contaminated than product from South Africa or South America. 8.5% of samples

showed concentrations above maximum residue levels. As the residue situation has not really improved over the past few years, minimisation strategies should be implemented to permanently reduce both the number and levels of residues.

- Considering **dried fruit** of various kinds (except grapes), pome fruit, stone fruit, and mixed fruits were hardly contaminated with OTA, while OTA findings in exotic fruit were relatively frequent. The maximum level which is valid in Germany for OTA in figs was exceeded in 8% of fig samples. The EU should fix an EU-wide maximum level for OTA in figs in the framework of preventive health protection of consumers. Periodical checks of figs are also considered necessary. A conspicuous finding in cranberries should also give reason for further watching because of the growing importance of this fruit in the market.

- Dried tea leaves of **green (unfermented) tea** showed an enhanced level of contamination with residues of plant protection products, while the contamination level in **black tea (fermented)** was low. This result was similar to findings in 2002. 13.8% of the green tea samples and 2.3% of black tea samples carried residues above MRLs. The finished infusion of green and black tea carries only low levels of heavy metals.

Other foodstuffs

- **Dark chocolate** contained only very small amounts of PAHs. Relatively frequent findings of OTA, however, should give reason to direct more attention to minimising growth of mould during cocoa production. Apart from cadmium, contamination with heavy metals was low. Cadmium contents remained on a relatively high level.

- **Complete dishes for infants** carried only minute contamination levels with dioxins and dioxin-like PCBs.

Specific studies

- A study with the focus on **phthalates in fat-containing foodstuffs** showed that more than 50% of **rice** and **wheat wholemeal flour** samples carried di-n-butyl phthalate (DBP), while only few samples of **vegetal oils (rape seed, sunflower, olive and thistle oils)** had positive findings. Of these, again, some were relatively high. Di(2-ethylhexyl)phthalate (DEHP) was found less frequently and mostly at lower concentrations than DBP, and there were some findings of di-iso-bythyl phthalate (DIBP) in rice and flour. Contamination of **infant milk food** with DBP and DEHP was very low. A bioassay carried out simultaneously on part of the oil samples to test for an estrogenic effect, produced a remarkable degree of correspondence between gaschromatographic analysis and bioassay, although some methodical difficulties remain to be solved.

- Studies with **sweet peppers** showed that **analyses of single fruits** are easy with modern analytical methods. Single fruit analyses are the basis for evaluating acute risks from consumption of usual portions, such as single fruits of sweet peppers. Probably, there will be more residue findings than in mixed samples, where residue concentrations present in single fruits are thinned down. But in an evaluation of the importance of single fruit analyses, the high expense of this method is not balanced by the information earned for acute risk assessment. None of the findings from the single fruit analyses led to an exposure calculation which would result in a higher acute risk to consumers. Still, more single piece analyses are needed, including of other foodstuffs, to arrive at a more realistic exposure assessment.

2 Zielsetzung und Organisation

Ziel des Monitorings ist es, repräsentative Daten über das Vorkommen von unerwünschten Stoffen in Lebensmitteln für die Bundesrepublik Deutschland zu erhalten und eventuelle Gefährdungspotenziale durch diese Stoffe frühzeitig zu erkennen. Darüber hinaus soll das Monitoring längerfristig dazu dienen, zeitliche Trends in der Kontamination der Lebensmittel aufzuzeigen und eine ausreichende Datengrundlage zu schaffen, um die Aufnahme von unerwünschten Stoffen über die Nahrung berechnen und bewerten zu können.

Was geschieht mit den Ergebnissen des Lebensmittel-Monitorings?

Die Ergebnisse des Lebensmittel-Monitorings fließen kontinuierlich in die gesundheitliche Risikobewertung ein und werden auch genutzt, um die zulässigen Höchstgehalte bzw. Höchstmengen für unerwünschte Stoffe zu überprüfen und im Bedarfsfall anzupassen. Dazu werden die Daten gemäß § 51 Abs. 5 des Lebensmittel- und Futtermittelgesetzbuchs (LFGB) dem Bundesinstitut für Risikobewertung (BfR) zur Verfügung gestellt. Auffällige Befunde können weitere Untersuchungen der Ursachen in künftigen Überwachungsprogrammen der amtlichen Lebensmittelüberwachung nach sich ziehen.

Überschreitungen von gesetzlich festgelegten Höchstgehalten werden von den Bundesländern verfolgt und gegebenenfalls geahndet. Höchstgehalte von Rückständen und Kontaminanten in und auf Lebensmitteln werden sowohl in Europa als auch in Deutschland nach dem Minimierungsgebot festgesetzt, d. h. so niedrig wie unter den gegebenen Produktionsbedingungen und nach guter landwirtschaftlicher Praxis möglich, aber niemals höher als toxikologisch vertretbar. Bei der Festsetzung von Höchstgehalten werden deshalb toxikologische Expositionsgrenzwerte, wie z. B. die akzeptierbare tägliche Aufnahmemenge (ADI; acceptable daily intake) oder die akute Referenzdosis (ARfD) berücksichtigt, die noch Sicherheitsfaktoren – meistens Faktor 100 – beinhalten, so dass bei einer gelegentlichen Überschreitung der Höchstgehalte keine gesundheitliche Gefährdung des Verbrauchers zu erwarten ist. Nichts desto trotz sind die Höchstgehalte von den Herstellern, Importeuren und Händlern einzuhalten, anderenfalls sind die Produkte nicht verkehrsfähig und dürfen nicht verkauft werden.

Eine kurzzeitige Überschreitung des ADI-Wertes durch Rückstände in Lebensmitteln stellt keine Gefährdung der Verbraucher dar, da der ADI-Wert unter Annahme einer täglichen lebenslangen Exposition abgeleitet wird. Im Gegensatz dazu lässt sich eine mögliche gesundheitliche Beeinträchtigung der Verbraucher durch eine einmalige oder kurzzeitige Aufnahme einer Substanzmenge, bei der die Exposition in einem kritischen Bereich oberhalb der ARfD liegt, nicht von vornherein ausschließen. Ob eine Schädigung der Gesundheit tatsächlich eintreten kann, muss aber für jeden Einzelfall geprüft werden.

Wenn in Lebensmitteln gesundheitlich bedenkliche Gehalte von Kontaminanten gefunden werden, für die noch keine gesetzlich vorgeschriebenen Höchstgehalte existieren, wird eine gesundheitliche Risikobewertung von den für die Lebensmittelsicherheit zuständigen Behörden vorgenommen. Auch dabei werden die toxikologischen Expositionsgrenzwerte und die Verzehrsmenge herangezogen.

In den Fällen, wo eine alimentäre Exposition mit unerwünschten Stoffen praktisch nicht zu vermeiden ist und auch Verzehrsempfehlungen wegen der Vielfalt der betroffenen Lebensmittel keinen wirksamen Schutz des Verbrauchers darstellen, sind technologisch machbare Minimierungsmaßnahmen einzuleiten. Beispiele hierfür sind Stoffe, die während der Herstellung des Lebensmittels gebildet werden, wie Acrylamid oder Furan, oder aus der Umwelt aufgenommen werden, wie Cadmium, Bromid und Nitrat. Das gilt insbesondere auch für Erbgut schädigende oder Krebs erzeugende Stoffe, für die kein Grenzwert festgelegt wird, weil jede Dosis schädlich sein kann, sowie für Stoffe, für die noch keine ausreichende Datenbasis für eine fundierte Risikobewertung vorliegt.

Das Monitoring wird seit 1995 auf der rechtlichen Grundlage des Lebensmittel- und Bedarfsgegenständegesetzes § 46 c–e LMBG (seit 2. September 2005 gemäß §§ 50–52 LFGB) als eine eigenständige Aufgabe in der amtlichen Lebensmittelüberwachung durchgeführt und stellt somit ein wichtiges Instrument zur Verbesserung des vorbeugenden gesundheitlichen Verbraucherschutzes dar.

Von 1995 bis 2002 wurden die Lebensmittel auf der Basis eines Warenkorbes ausgewählt. Auf der Grundlage dieser Ergebnisse wurde die nahrungsbedingte Verbraucherbelastung mit unerwünschten Stoffen ermittelt, bewertet und im Bericht „Ergebnisse des bundesweiten Monitoring der Jahre 1995–2002" dargestellt und veröffentlicht.

Eine Übersicht der in den Jahren 1995 bis 2006 untersuchten Lebensmittel befindet sich im Kapitel 7 des vorliegenden Berichtes.

Seit 2003 wird das Monitoring zweigeteilt durchgeführt. Um die Belastungssituation unter repräsentativen Beprobungsbedingungen weiter verfolgen zu können, werden Lebensmittel entsprechend den Vorgaben des in der Allgemeinen Verwaltungsvorschrift zur Durchführung des Lebensmittel-Monitorings (§ 4 Abs. 3 AVV LM) für den Zeitraum 2005–2009 festgelegten Rahmenplans berücksichtigt, der auf der Grundlage eines repräsentativen Warenkorbs mit ca. 120 Lebensmitteln ausgearbeitet wurde (Warenkorb-Monitoring). Ergänzend dazu wurden spezielle aktuelle Themenbereiche zielorientiert in Form von Projekten bearbeitet (Projekt-Monitoring).

Die ausgewählten Lebensmittel wurden durch die Untersuchungseinrichtungen der Länder analysiert.

Die Organisation des Monitorings, die Erfassung und Speicherung der Daten und die Auswertung der Monitoring-Ergebnisse sowie deren Berichterstattung obliegen dem Bundesamt für Verbraucherschutz und Lebensmittelsicherheit (BVL).

In einer tabellarischen Zusammenstellung werden die diesem Bericht zugrunde liegenden Daten unter dem Titel: „Tabellenband zum Bericht über die Monitoring-Ergebnisse des Jahres 2006" über das Internet zur Verfügung gestellt.

Im Internet sind die bisher erschienenen Berichte zum Monitoring verfügbar unter: http://www.bvl.bund.de/lebensmittelmonitoring.

To access this journal online:
http://www.birkhauser.ch

3 Monitoringplan 2006

Auf Grundlage der Allgemeinen Verwaltungsvorschrift zur Durchführung des Lebensmittel-Monitorings (AVV Lebensmittel-Monitoring – AVV LM) wird gemeinsam von den für das Monitoring verantwortlichen Einrichtungen des Bundes und der Länder jährlich ein detaillierter Plan zur Durchführung des Monitorings erarbeitet. Gegenstand dieses Planes sind die Auswahl der Lebensmittel und der darin zu untersuchenden Stoffe sowie Vorgaben zur Methodik der Probenahme und der Analytik. Der Plan ist weitestgehend dem „Handbuch des Lebensmittel-Monitorings 2006" zu entnehmen, das auch im Internet abrufbar ist[1].

Wie einleitend bereits erläutert, wurde das Monitoring zweigeteilt durchgeführt: Ein Teil der Lebensmittel wurde weiterhin aus dem in Anlehnung an den repräsentativen Warenkorb für den Zeitraum 2005-2009 festgelegten Rahmenplan der AVV LM ausgewählt, um die Kontaminationssituation unter repräsentativen Beprobungsbedingungen weiter zu verfolgen. Bei der Festlegung der zu untersuchenden Einzellebensmittel aus den dort genannten Lebensmittelgruppen wurden das aktuelle Ernährungsverhalten der Bevölkerung, Erkenntnisse über Kontaminationen sowie Empfehlungen aus früheren Untersuchungen für eine erneute Überprüfung der Kontaminationssituation berücksichtigt. Außerdem wurde das EU-weite koordinierte Überwachungsprogramm (siehe unter KÜP-Empfehlung im Kapitel Erläuterung der Fachbegriffe) zur Einhaltung der Höchstmengen von Pestizidrückständen in das Warenkorb-Monitoring integriert. Im Rahmen des KÜP werden ausschließlich Lebensmittel pflanzlicher Herkunft untersucht.

Im zweiten Teil des Monitorings wurden zielorientiert spezielle Fragestellungen in Form von Projekten bearbeitet.

3.1
Lebensmittel- und Stoffauswahl für das Warenkorb-Monitoring

Im Jahr 2006 wurden aus dem Warenkorb 17 Lebensmittel/-gruppen tierischer Herkunft und 18 Lebensmittel/-gruppen pflanzlicher Herkunft in die Untersuchung einbezogen. Tabelle 3-1 gibt einen Überblick über die Lebensmittel/-gruppen und die darin untersuchten Stoffgruppen bzw. Stoffe.

Basierend auf aktuellen Erkenntnissen zur Rückstandssituation und Kontamination der Lebensmittel und durch Einführung weiterer Analysenmethoden wurde das Spektrum der zu analysierenden Stoffe gezielt an die in der Vergangenheit auffälligen und potenziell zu erwartenden Rückstände und Kontaminanten angepasst. Die Proben im Warenkorb-Monitoring wurden beispielsweise auf bis zu 116 Rückstände von Pflanzenschutzmitteln in Tafelweintrauben, 33 persistente Organochlorverbindungen und andere organische Kontaminanten in Butter, acht Elemente in Tafelweintrauben, Tee und Weizenkörnern sowie fünf Rückstände pharmakologisch wirksamer Stoffe in Vollei untersucht. Durch apparative Verbesserungen der Analysenmesstechnik wurde gleichzeitig die Nachweisempfindlichkeit der Analysenmethoden erheblich gesteigert, so dass oft wesentlich geringere Gehalte und somit auch häufiger Rückstände von Pflanzenschutzmittel-Wirkstoffen nachgewiesen wurden.

3.2
Lebensmittel- und Stoffauswahl für das Projekt-Monitoring

Für das Projekt-Monitoring wurden gezielt Lebensmittel bzw. Stoffe/Stoffgruppen ausgewählt, bei denen sich aufgrund aktueller Erkenntnisse ein spezifischer Handlungsbedarf ergeben hatte. Nachfolgend werden in Tabelle 3-2 die Projekte aufgeführt.

3.3
Probenahme und Analytik

Die Probenahme erfolgte in der Regel nach den Verfahren, die in der Amtlichen Sammlung nach § 64 LFGB (vormals § 35 LMBG) beschrieben sind. Proben wurden auf allen Stufen der Lebensmittelkette, vom Erzeuger bzw. Hersteller über Groß- und Zwischenhändler bis zum Einzelhändler, entnommen.

Die Entnahme und Untersuchung der Proben sind Aufgaben der zuständigen Behörden und der Laboratorien der amtlichen Lebensmittelüberwachung in den Ländern. Gemäß den Anforderungen der Verordnung (EG) Nr. 882/2004[2] über

---

[1] http://www.bvl.bund.de/lebensmittelmonitoring

[2] Verordnung (EG) Nr. 882/2004 des Europäischen Parlaments und des Rates vom 29. April 2004 über amtliche Kontrollen zur Überprüfung der Einhaltung des Lebensmittel- und Futtermittelrechts sowie der Bestimmungen über Tiergesundheit und Tierschutz. Veröffentlicht im Amtsblatt der Europäischen Gemeinschaft Nr. L 291/1; 29.04.2004.

Tab. 3-1 Lebensmittel des Warenkorb-Monitorings und darin untersuchte Stoffgruppen/Stoffe im Jahr 2006.

Lebensmittel	im Monitoring 1995–2005 untersucht	Stoffgruppen/Stoffe
Käse (Camembertkäse/Brie, Gorgonzola (Blauschimmelkäse), Feta)	Camembertkäse 1999, Schafskäse 1997	Aflatoxin M1, Elemente, Nitromoschus-Verbindungen, persistente Organochlorverbindungen
Butter	1996, 1997	BTEX-Aromaten, leichtflüchtige chlorierte Kohlenwasserstoffe, Nitromoschus-Verbindungen, persistente Organochlorverbindungen
Hühnereier	2000	Elemente, Nitromoschus-Verbindungen, persistente Organochlorverbindungen, pharmakologisch wirksame Stoffe, Triclosan-methyl
Vollei flüssig/getrocknet	nein	Elemente, Nitromoschus-Verbindungen, persistente Organochlorverbindungen, pharmakologisch wirksame Stoffe, Triclosan-methyl
Leber (Rind, Kalb, Schwein)	Schwein 1996, 1997, Rind 1998, Kalb 2001	Elemente, Nitromoschus-Verbindungen, persistente Organochlorverbindungen
Niere (Rind, Kalb, Schwein)	Kalb 2001, Schwein 2001, Rind 2002	Elemente, Ochratoxin A (nur in Schweineniere)
Haifisch (Zuschnitte)	2001	Elemente, Nitromoschus-Verbindungen, persistente Organochlorverbindungen, polycyclische aromatische Kohlenwasserstoffe, Triclosan-methyl
Thunfisch (Zuschnitte)	Konserve 1999	Elemente, Nitromoschus-Verbindungen, persistente Organochlorverbindungen, polycyclische aromatische Kohlenwasserstoffe, Triclosan-methyl
Schwertfisch (Zuschnitte)	nein	Elemente, Nitromoschus-Verbindungen, persistente Organochlorverbindungen, polycyclische aromatische Kohlenwasserstoffe, Triclosan-methyl
Räucheraal	1997	BTEX-Aromaten, Elemente, Nitromoschus-Verbindungen, persistente Organochlorverbindungen, polycyclische aromatische Kohlenwasserstoffe, Triclosan-methyl
Dorschleber in Öl (Konserve)	nein	BTEX-Aromaten, Dioxine, Elemente, Nitromoschus-Verbindungen, persistente Organochlorverbindungen, polycyclische aromatische Kohlenwasserstoffe, Triclosan-methyl
Rapsöl kaltgepresst	nein	BTEX-Aromaten, polycyclische aromatische Kohlenwasserstoffe
Sonnenblumenöl kaltgepresst	nein	BTEX-Aromaten, polycyclische aromatische Kohlenwasserstoffe
Weizenkörner	1997, 1998, 1999, 2003	Elemente, Mykotoxine, Pflanzenschutzmittel
Eichblattsalat	1997	Elemente, Nitrat, Pflanzenschutzmittel
Lollo rosso, Lollo bianco	1995, 1997	Elemente, Nitrat, Pflanzenschutzmittel
Blumenkohl	1999, 2003	Pflanzenschutzmittel,
Gemüsepaprika	1999, 2003, 2004	Pflanzenschutzmittel
Honigmelone, Netzmelone, Kantalupmelone	1999	Elemente, Pflanzenschutzmittel
Aubergine	2003	Pflanzenschutzmittel
Erbse tiefgefroren	2000, 2003	Elemente, Pflanzenschutzmittel
Tomatensaft	Tomatenmark 2000	Elemente, Mykotoxine
Tafelweintraube rot/weiß	1995, 1997, 2003	Elemente, Pflanzenschutzmittel
Banane	1997, 2002	Pflanzenschutzmittel
Orangensaft	1995, 2004	Pflanzenschutzmittel
Schokolade	2002	Elemente, polycyclische aromatische Kohlenwasserstoffe, Ochratoxin A
Tee unfermentiert, fermentiert	2002	Elemente, persistente Organochlorverbindungen, Pflanzenschutzmittel

Tab. 3-2 Überblick über die Projekte.

Lebensmittel	Spezielle Fragestellung	Projektbezeichnung
Getreidebeikost, Zwieback oder Kekse für Säuglinge u. Kleinkinder, diätetische Lebensmittel auf Maisbasis	Fumonisine in maishaltiger Säuglingsnahrung und diätetischen Lebensmitteln auf Maisbasis	Projekt 1
Feldsalat (Ackersalat)	Nitrat in Feldsalat	Projekt 2
Pflanzliche Öle (Raps-, Sonnenblumen-, Oliven und Distelöl), Reis, Säuglings- u. Kleinkindernahrung (auf Milchbasis), Weizenvollkornmehl	Phthalate in fetthaltigen Lebensmitteln	Projekt 3
Säuglings- und Kleinkindernahrung (Komplettmahlzeiten)	Dioxine und dioxinähnliche PCB in Säuglings- und Kleinkindernahrung	Projekt 4
Gemüsepaprika	Pflanzenschutzmittelrückstände aus Einzelfruchtanalysen von Paprika	Projekt 5
Aal frisch, Aal geräuchert	Pharmakologisch wirksame Stoffe in Aalen	Projekt 6
Beerenobst getrocknet, Kernobst getrocknet, Steinobst getrocknet, Exotische Früchte getrocknet, Trockenobstmischungen	Ochratoxin A in Trockenobst außer Weintrauben	Projekt 7
Basilikum, Bohne grün, Bohnenkraut, Dill, Endivie, Fenchel, Kerbel, Koriander, Mangold, Möhre, Petersilie, Rote Bete	Herbizid-Rückstände in bestimmten Gemüsearten	Projekt 8
Rucola	Bromid-, Nitrat- und Schwefelkohlenstoffgehalte in Rucola	Projekt 9
Aal, forellen-, karpfen- und lachsartige Fische, Kaviar/Rogen, andere Fische	Triphenylmethanfarbstoffe in importierten Fischen und Fischerzeugnissen	Projekt 10

zusätzliche Maßnahmen der amtlichen Lebensmittelüberwachung sind alle Laboratorien akkreditiert.

Um vergleichbare Analysenergebnisse zu erhalten, wurden die Lebensmittelproben für die Analyse nach normierten Vorschriften (z. B. Waschen, Putzen, Schälen) vorbereitet. Bei der Wahl der Analysenmethoden muss sichergestellt sein, dass die eingesetzten Methoden zu genauen Ergebnissen führen und den Validierungskriterien der Verordnung (EG) Nr. 882/2004 entsprechen. Um die Lebensmittel auf das z. T. sehr umfangreiche Spektrum von organischen Substanzen prüfen zu können, wurden überwiegend Multimethoden eingesetzt. Darüber hinaus waren für bestimmte Stoffe Einzelmethoden heranzuziehen, die zu einer beträchtlichen Erhöhung des labortechnischen Aufwandes führten. Die Zuverlässigkeit der Untersuchungsergebnisse wurde durch Qualitätssicherungsmaßnahmen, z. B. durch Teilnahme an Laborvergleichsuntersuchungen überprüft.

4 Probenzahlen und Herkunft

Im Zeitraum 2005 bis 2009 werden im Monitoring vorwiegend Lebensmittel aus dem Warenkorb beprobt, die bereits im Monitoring 1995 bis 2002 untersucht worden sind. Ziel dieser erneuten Untersuchung ist die Fragestellung, ob sich die Kontamination verändert hat. Für diesen Fall und auch für den Vergleich verschiedener Lebensmittel innerhalb einer Lebensmittelgruppe wird auf einen statistischen Ansatz zurückgegriffen, wonach in der Regel 65 Proben oder ein Mehrfaches davon benötigt werden[1].

Im koordinierten Überwachungsprogramm (KÜP) der EU zu Pflanzenschutzmittelrückständen werden für Deutschland jeweils 93 Proben vorgeschrieben. Bei Lebensmitteln, für die bereits Ergebnisse aus früheren Monitoringuntersuchungen vorliegen und die im Rahmen des EU-Programms erneut zu untersuchen waren, wurden deshalb ca. 100 Proben untersucht.

Wenn Lebensmittel untersucht werden, für die noch keine Informationen zur Kontamination vorliegen, wird in der Regel ein Stichprobenumfang von 240 Proben je Lebensmittel festgesetzt.[2] Diese Probenzahl garantiert die Repräsentativität der Proben und gestattet, statistische Aussagen mit der gewünschten Sicherheit zu treffen.

Im Jahre 2006 wurden insgesamt 4356 Proben untersucht. Sie wurden überwiegend im Handel, teilweise aber auch direkt beim Erzeuger oder Importeur entnommen. Der Anteil Lebensmittel tierischer bzw. pflanzlicher Herkunft am Gesamtprobenaufkommen ist der Abbildung 4-1 zu entnehmen; Schokolade sowie Säuglings- und Kleinkindernahrung wurden in dieser Abbildung der Kategorie „Sonstige" zugeordnet. Die Anteile der aus dem In- bzw. Ausland stammenden Lebensmittel zeigt Abbildung 4-2. Bedingt durch die Lebensmittelauswahl wurden gegenüber 2005 wesentlich weniger einheimische Erzeugnisse und dafür mehr Produkte aus anderen Mitgliedsstaaten der EU und Drittstaaten untersucht.

In den Tabellen 4-1 und 4-2 sind die Probenzahlen entsprechend der Herkunft für die Warenkorb-Lebensmittel bzw. für das Projekt-Monitoring aufgeschlüsselt.

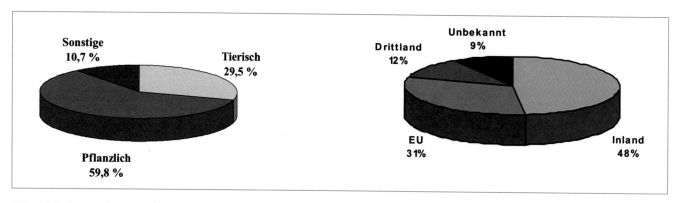

Abb. 4-1 Probenanteile Tierisch/ Pflanzlich/Sonstige.

Abb. 4-2 Probenanteile nach Herkunft.

---

[1] Sachs, L. (1992) Angewandte Statistik, Berlin, Springer-Verlag.
[2] Conover, W. J. (1971) Practical Nonparametric Statistics; New York: Wiley.

Tab. 4-1 Probenzahlen (n) und -herkunft der Warenkorb-Lebensmittel.

Herkunft		Inland		EU		Drittland		Unbekannt		Gesamt
Lebens-mittel-gruppe (Kode)	Lebensmittel	n	%	n	%	n	%	n	%	n
031	Camembertkäse/Brie Vollfettstufe	3	4,3	66	95,7					69
032	Gorgonzola, Blauschimmelkäse Doppelrahmstufe	10	15,9	53	84,1					63
035	Fetakäse Vollfettstufe	2	2,9	65	95,6			1	1,5	68
040	Butter	1	0,7	135	98,5			1	0,7	137
050	Hühnereier	15	23,8	48	76,2					63
050	Vollei flüssig/getrocknet	60	88,2	6	8,8	1	1,5	1	1,5	68
060	Leber Rind	59	100,0							59
060	Niere Rind	52	100,0							52
061	Leber Kalb	43	95,6	2	4,4					45
061	Niere Kalb	43	95,6	2	4,4					45
061	Leber Schwein	54	98,2	1	1,8					55
061	Niere Schwein	45	81,8	1	1,8			9	16,4	55
104	Haifisch Zuschnitte *	2	7,4	3	11,1	11	40,7	11	40,7	27
105	Thunfisch Zuschnitte *	17	27,9	8	13,1	27	44,3	9	14,8	61
105	Schwertfisch Zuschnitte *	10	18,2	6	10,9	16	29,1	23	41,8	55
110	Räucheraal	35	63,6	9	16,4	1	1,8	10	18,2	55
111	Dorschleber in Öl, Konserve *	2	4,5	30	68,2	5	11,4	7	15,9	44
130	Rapsöl kaltgepresst	53	72,6	5	6,8			15	20,5	73
130	Sonnenblumenöl kaltgepresst *	43	65,2	4	6,1			19	28,8	66
150	Weizenkörner	83	81,4	4	3,9			15	14,7	102
250	Eichblattsalat	41	78,8	5	9,6			6	11,5	52
250	Lollo rosso, Lollo bianco	46	63,9	24	33,3			2	2,8	72
250	Blumenkohl	56	54,9	41	40,2			5	4,9	102
250	Gemüsepaprika *	1	0,9	98	86,7	11	9,7	3	2,7	113
250	Honig-/Netz-/Kantalupmelone			66	66,0	27	27,0	7	7,0	100
250	Aubergine			93	93,0	3	3,0	4	4,0	100
261	Erbse tiefgefroren	35	34,3	18	17,6			49	48,0	102
262	Tomatensaft *	67	74,4			1	1,1	22	24,4	90
290	Tafelweintraube rot/weiß *	6	4,7	68	52,7	54	41,9	1	0,8	129
290	Banane					77	82,8	16	17,2	93
311	Orangensaft *	89	83,2	3	2,8	1	0,9	14	13,1	107
440	Schokolade	100	76,3	12	9,2	6	4,6	13	9,9	131
470	Tee unfermentiert, Grüntee *	12	11,0	1	0,9	68	62,4	28	25,7	109
470	Tee fermentiert, Schwarztee *	43	48,9	2	2,3	22	25,0	21	23,9	88
	Gesamt	1128	42,6	879	33,2	331	12,5	312	11,8	2650

* Bei den gekennzeichneten Lebensmitteln entspricht die Herkunft in der Regel nicht dem Ursprungsland des Ausgangsproduktes, sondern dem Staat, in dem das Produkt verarbeitet bzw. abgepackt wurde.

Tab. 4-2 Probenzahlen (n) und -herkunft der Projektproben.

Herkunft	Inland		EU		Drittland		Unbekannt		Gesamt
Projekt	n	%	n	%	n	%	n	%	n
Fumonisine in maishaltiger Säuglings-nahrung und diätetischen Lebensmitteln auf Maisbasis	154	76,2	35	17,3	1	0,5	12	5,9	202
Nitrat in Feldsalat	76	80,9	18	19,1					94
Phthalate in fetthaltigen Lebensmitteln	75	67,6	15	13,5	9	8,1	12	10,8	111
Dioxine und dioxinähnliche PCB in Säuglings- und Kleinkindernahrung	124	99,2	1	0,8					125
Pflanzenschutzmittelrückstände aus Einzelfruchtanalysen von Paprika			214	100,0					214
Pharmakologisch wirksame Stoffe in Aalen	59	71,1	16	19,3			8	9,6	83
Ochratoxin A in Trockenobst außer Weintrauben *	189	60,0	11	3,5	101	32,1	14	4,4	315
Herbizid-Rückstände in bestimmten Gemüsearten	166	80,6	22	10,7	6	2,9	12	5,8	206
Bromid-, Nitrat- und Schwefelkohlenstoffgehalte in Rucola	77	43,8	97	55,1	2	1,1			176
Triphenylmethanfarbstoffe in importierten Fischen und Fischerzeugnissen	44	24,4	55	30,6	64	35,6	17	9,4	180
Gesamt	964	56,5	484	28,4	183	10,7	75	4,4	1706

* Bei den gekennzeichneten Lebensmitteln entspricht die Herkunft in der Regel nicht dem Ursprungsland des Ausgangsproduktes, sondern dem Staat, in dem das Produkt verarbeitet bzw. abgepackt wurde.

To access this journal online:
http://www.birkhauser.ch

5 Ergebnisse des Warenkorb-Monitorings

In diesem Kapitel werden die Ergebnisse zu den im Monitoring 2006 untersuchten Warenkorb-Lebensmitteln vorgestellt.

> Alle in diesem Bericht getroffenen Aussagen hinsichtlich der Rückstands- und Kontaminationssituation der Lebensmittel beziehen sich ausschließlich auf die im Jahr 2006 im Monitoring untersuchten Stoffe bzw. Stoffgruppen.
>
> Das Kriterium für „häufig" quantifizierte Stoffe ist abhängig von der Stoffgruppe und wurde angewandt, wenn für Pflanzenschutzmittelrückstände und Mykotoxine Gehalte jeweils in mehr als 10% der Proben quantifiziert wurden, für organische Kontaminanten und Elemente erst oberhalb 50% aller Proben.
>
> Zur Klassifizierung des Kontaminationsgrades siehe im Glossar unter „Kontaminationsgrad" und „Nitrat".
>
> Die in diesem Bericht verwendeten Begriffe „Höchstmengenüberschreitung" bzw. „Höchstgehaltsüberschreitung" bezeichnen Proben mit Gehalten, die rein numerisch über den gesetzlich festgelegten Höchstwerten liegen.

5.1
Käse

Camembert/Brie, Blauschimmelkäse (Gorgonzola), Feta

Käse zählt zu den Grundnahrungsmitteln und ist ein wertvoller Kalzium-Lieferant für die Erhaltung eines gesunden Knochenbaus. Abhängig von der Art der verwendeten Milch (etwa von Schaf, Ziege oder Kuh), vom Herstellungsprozess (z. B. Pasteurisierung, Temperatur), eventuellen Zusätzen wie Salz, Gewürzen, Bakterien- und Pilzkulturen, der Nachbehandlung mit Salzlake oder Schimmel, den Reifebedingungen (Temperatur, Feuchtigkeit, Folienreifung usw.) und der Reifedauer entstehen geschmacklich wie auch in Konsistenz und Aussehen sehr unterschiedliche Käse. Das vielfältige Angebot aus deutscher Produktion wird durch eine Fülle ausländischer Käsespezialitäten ergänzt.

In die Monitoring-Untersuchungen wurden im Jahr 2006 die häufig verzehrten Weichkäse (ohne Zusätze) Camembert und Brie (Vollfettstufe, 69 Proben), Blauschimmelkäse (Doppelrahmstufe, 63 Proben) und Feta aus Schafs- oder Ziegenmilch (Vollfettstufe, 68 Proben) einbezogen und auf 23 persistente Organochlorverbindungen (einschließlich PCB-Kongenere), zwei Nitromoschusverbindungen, Aflatoxin M1 sowie auf sechs Elemente geprüft. Camembert und Brie stammten nahezu voll-

ständig aus Frankreich (96% der Proben), als Blauschimmelkäse wurde hauptsächlich italienischer Gorgonzola beprobt (84% der Proben), und der Feta war überwiegend aus Griechenland (93% der Proben) mit nur zwei Proben aus Frankreich. Die restlichen Proben stammten bei allen Käsesorten aus deutscher Produktion.

Schafskäse und Camembert waren bereits im Monitoring 1997 bzw. 1999 intensiv untersucht worden, sodass eine vergleichende Betrachtung möglich ist.

Organische Stoffe

Abbildung 5-1 vermittelt einen generellen Überblick über die Kontaminationssituation zu persistenten Organochlor- und Moschusverbindungen bei allen drei Käsesorten und im Vergleich zu den Ergebnissen aus dem Monitoring 1997 und 1999.

Gorgonzola hatte mit 65% den höchsten Anteil an Proben ohne nachweisbare Gehalte, aber auch bei Camembert/Brie und Feta waren diese Anteile höher als in den Jahren 1997 und 1999. Höchstmengenüberschreitungen traten nur bei zwei Proben griechischem Feta für die Stoffe Lindan und Endosulfan auf. Die Gehalte waren im Allgemeinen sehr gering und erreichten lediglich bei Feta im Maximum 0,02 mg/kg. Häufig wurden nur HCB in Camembert/Brie und p,p'-DDE in Feta gefunden. Mehrere Stoffe gleichzeitig (Mehrfachrückstände) wurden in 13% der Proben von Gorgonzola, 26% der Proben von Camembert/Brie sowie 39% der Proben vom Feta nachgewiesen, wobei das Maximum in einzelnen Proben lediglich zwischen zwei (Gorgonzola) und vier Stoffen (Feta) lag.

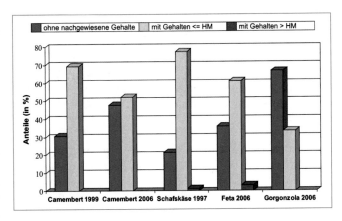

Abb. 5-1 Probenanteile mit Organochlor- und Nitromoschusverbindungen in verschiedenen Weichkäsesorten im Jahresvergleich.

Tab. 5-1 Elementgehalte in Käse (Werte in mg/kg Frischgewicht).

Element	Camembert/Brie		Elementgehalte in mg/kg (Untersuchungsjahr) Gorgonzola		Feta	
	Mittelwert	90. Perzentil	Mittelwert	90. Perzentil	Mittelwert	90. Perzentil
Arsen	0,011 (2006)	0,040* (2006)	0,019 (2006)	0,080* (2006)	0,018 (2006)	0,060* (2006)
Blei	0,030 (1999) 0,042 (2006)	0,041 (1999) 0,063 (2006)	0,020 (2006)	0,035 (2006)	0,042 (1997) 0,032 (2006)	0,097 (1997) 0,061 (2006)
Cadmium	0,005 (1999) 0,005 (2006)	0,004 (1999) 0,020* (2006)	0,002 (2006)	0,006* (2006)	0,003 (1997) 0,003 (2006)	0,007 (1997) 0,022* (2006)
Kupfer	0,438 (2006)	0,500 (2006)	0,387 (2006)	0,556 (2006)	0,544 (2006)	0,750 (2006)
Selen	0,057 (2006)	0,091 (2006)	0,088 (2006)	0,118 (2006)	0,073 (2006)	0,130 (2006)
Zink	26,4 (2006)	30,0 (2006)	30,3 (2006)	37,1 (2006)	12,9 (2006)	18,5 (2006)

* Maximaler Gehalt. Das 90. Perzentil wurde nicht berechnet, da nur in wenigen Proben quantifiziert.

Aflatoxin M1 wurde in den drei Käsesorten meistens nur in Spuren nachgewiesen. In zwei Proben Gorgonzola wurden jedoch Gehalte bis 0,11 µg/kg gefunden, somit über dem für Milch geltenden Höchstgehalt von 0,05 µg/kg. Berücksichtigt man jedoch den Anreicherungsfaktor von natürlich kontaminierter Milch zum Käse sind noch bis ca. 0,2 µg Aflatoxin M1 pro Kilogramm Käse tolerierbar.

Elemente

Alle drei Käsesorten wurden auf die Elemente Arsen, Blei, Cadmium, Kupfer, Selen und Zink analysiert. Arsen und Cadmium wurden relativ selten gefunden (in 3–13% bzw. 6–13% der Proben), Blei war in einem Fünftel bis etwas mehr als einem Drittel der Proben und Kupfer in 41–67% aller Proben quantifizierbar. Selen wurde in 73–87% der Proben nachgewiesen und Zink in 89% des Feta und allen Proben von Camembert/Brie und Gorgonzola. Die Gehalte sind in Tabelle 5-1 im Vergleich zu früheren Monitoringergebnissen zusammengestellt.

Die Elementgehalte lagen in allen drei Käsesorten in der gleichen Größenordnung. Die Blei- und Cadmiumgehalte in Feta und Camembert/Brie sind in etwa wieder vergleichbar mit denen aus dem Monitoring 1997 bzw. 1999, obwohl Blei in Camembert/Brie im Jahr 2006 in etwas höheren Konzentrationen gefunden wurde. In zwei Proben war der auf die Anreicherung im Weichkäse umgerechnete Höchstgehalt für Blei in Rohmilch überschritten.

Quecksilber wurde bei zusätzlichen Untersuchungen in Feta und Gorgonzola nur in sehr geringen Konzentrationen bis maximal 0,008 mg/kg gefunden, somit stets unter dem zulässigen Höchstgehalt von 0,01 mg/kg.

Fazit

Die aus dem europäischen Ausland stammenden Camembert und Brie, Gorgonzola und Feta waren nur gering mit unerwünschten organischen Stoffen kontaminiert. Abgesehen von vereinzelten und nur geringfügigen Überschreitungen der zulässigen Höchstgehalte für Blei in Camembert und Brie lagen auch die ermittelten Schwermetallgehalte auf niedrigem Niveau.

5.2
Butter

Butter ist eines der am meisten verzehrten Streichfette. Sie besteht zu mindestens 82 Prozent aus Milchfett, in dem sich jedoch auch unerwünschte fettlösliche Substanzen anreichern können.

Im Monitoring 1996 und 1997 wurde bei deutscher Butter nur eine erfreulich geringfügige Kontamination mit persistenten Organochlorverbindungen festgestellt. Ob diese Aussage auch auf ausländische Butter zutrifft, sollte mit den Monitoringuntersuchungen 2006 überprüft werden. Dazu wurden 137 Proben Butter auf 23 persistente Organochlorverbindungen, zwei Nitromoschusverbindungen, auf die leichtflüchtigen chlorierten Kohlenwasserstoffe (LCKW) Chloroform, Perchlorethylen (Tetrachlorethen) und Trichlorethylen (Trichlorethen) sowie auf fünf BTEX-Aromaten (Benzol, Toluol, Ethylbenzol, Styrol und Xylol) untersucht. 127 Proben stammten aus Irland und acht Proben aus Dänemark. Die restlichen beiden Proben waren aus Deutschland bzw. unbekannter Herkunft.

Organische Stoffe

30% der untersuchten Proben enthielten keine messbaren Gehalte an LCKW, Organochlor- und Nitromoschusverbindungen. Dieser Anteil liegt in der gleichen Größenordnung, wie für deutsche Butter im Monitoring 1997 (37%) festgestellt wurde. In zwei Dritteln der Proben wurde Toluol nachgewiesen. Daneben wurden HCB (in 40% der Proben), Chloroform (30%) und pp'-DDE (22%) relativ oft gefunden. 36 Proben (26%) enthielten mehr als einen Rückstand, wobei maximal je 3 Stoffe in zwei Proben gefunden wurden. Die Konzentrationen der ubiquitären persistenten Organochlorverbindungen und Nitromoschusverbindungen waren im Allgemeinen gering und lagen selbst im Maximum stets unter 0,04 mg/kg. Lediglich in einer Probe irischer Butter waren die Höchstmengen von 0,01 mg/kg für die PCB 138, 153 und 180 geringfügig überschritten. Die Gehalte an LCKW und BTEX sind in Tabelle 5-2 zusammengefasst.

Tab. 5-2 Gehalte an LCKW und BTEX in Butter.

Stoff	Anteil mit quan- tifizierbaren Gehalten (%)	Mittelwert (mg/kg)	Maximalwert (mg/kg)
Chloroform	29,9	0,030	0,330
Tetrachlorethen	6,6	0,003	0,156
Ethylbenzol	1,0	na	1,000
Styrol	2,0	0,008	0,021
Toluol	66,3	0,095	0,571
Xylol	1,2	na	0,015

na = nicht auswertbar, da nur in einer Probe quantifiziert.

Trichlorethen und Benzol wurden nur in Spuren unterhalb der analytischen Bestimmungsgrenzen in etwa einem Fünftel aller Proben nachgewiesen. Dies trifft im Allgemeinen auch auf Ethylbenzol zu, mit Ausnahme einer Probe aus Dänemark, in der ein relativ hoher Gehalt von 1 mg/kg gefunden wurde. Xylol wurde auch nur in einer Probe mit 0,015 mg/kg bestimmt, in weiteren 30 Proben lagen die Gehalte unter der Bestimmungsgrenze. Hingegen wurde Toluol häufig gefunden. Die Gehalte lagen in sieben Proben irischer Butter über 0,18 mg/kg. Der Höchstgehalt von Chloroform von 0,1 mg/kg war in sieben Proben aus Irland und einer Probe aus Dänemark überschritten. In einer der Proben aus Irland lag außerdem die Tetrachlorethen-Konzentration über dem Höchstgehalt von 0,1 mg/kg.

Fazit

Die Kontamination dänischer und irischer Butter mit den ubiquitären persistenten Organochlor- und Nitromoschusverbindungen war so gering wie bei deutscher Butter im Monitoring 1996 und 1997. Auffällig ist jedoch der häufige Nachweis von Toluol und auch Chloroform. Die mittelgradige Kontamination mit leichtflüchtigen chlorierten Kohlenwasserstoffen und vereinzelte Gehalte an BTEX sollten Anlass sein, über weitere Datenerhebungen die Grundlage für eine fundierte Risikobewertung zu legen, die Eintragspfade zu identifizieren und Minimierungsstrategien zu entwickeln.

5.3
Eiprodukte

Hühnereier/Vollei, flüssig und getrocknet

In Deutschland werden jährlich etwa 10 Milliarden Hühnereier produziert. Davon werden 50 % von privaten Haushalten verbraucht, 30 % in der lebensmittelverarbeitenden Industrie und 20 % in Großküchen und Bäckereien. Eier werden nicht nur als Grundbaustein für einzelne Gerichte genutzt, wie Spiegelei oder Rührei, sondern auch als Zutat z. B. in Suppen, Saucen, Süßwaren und Backwaren. Zur Herstellung von flüssigem Vollei wird die Schale abgetrennt und Eigelb mit Eiweiß wird vor der Kühllagerung pasteurisiert. Durch Sprühtrocknung mit heißer Luft wird aus flüssigem Vollei das Eipulver (getrocknetes Vollei) hergestellt.

Unerwünschte Stoffe können als Kontaminanten über das Tierfutter und als Rückstände von Tierarzneimitteln in das Ei gelangen. Für Hühnereier aus vorwiegend deutscher Herkunft wurde im Monitoring 2000 nur eine geringe Kontamination mit organischen Stoffen festgestellt. Das deckt sich mit den alljährlichen Ergebnissen aus dem Nationalen Rückstandskontrollplan für Lebensmittel tierischen Ursprungs[1].

Mit den Untersuchungen im Jahr 2006 sollte die Belastung mit unerwünschten Stoffen erneut überprüft werden, auch im Vergleich mit Hühnereiern aus anderen EU-Staaten und den Produkten Vollei flüssig bzw. getrocknet. Dazu wurden 63 Proben Hühnereier, 66 Proben flüssiges Vollei und zwei Proben getrocknetes Vollei auf 23 persistente Organochlorverbindungen (einschließlich PCB-Kongenere), zwei Nitromoschusverbindungen, Triclosan-methyl und sieben Elemente untersucht. Die Eier wurden zusätzlich auf Rückstände von Kokzidiostatika und Vollei auf Chloramphenicol und Nitrofurane geprüft.

Von den Hühnereiern waren 41 Proben aus den Niederlanden (65 %), 15 Proben aus Deutschland (24 %), vier Proben aus Frankreich (6 %) und drei Proben aus Belgien (5 %). Die Vollei-Proben stammten überwiegend aus inländischer Produktion (88 %) und aus den Niederlanden (7 %).

Organische Stoffe

Wie schon im Monitoring des Jahres 2000 waren mehr als die Hälfte der Proben (54 %) wieder ohne nachweisbare Rückstände. Sowohl in den Hühnereiern als auch im Vollei wurden nur einige der persistenten Organochlor- und Nitromoschusverbindungen in geringen Konzentrationen nachgewiesen. Am häufigsten wurden dabei p,p'-DDE, HCB und PCB 153 (25–38 %) gefunden. Die maximalen Gehalte erreichten bei den Eiern nur in wenigen Fällen 0,01 mg/kg, im Vollei lagen sie sogar nur unter 0,004 mg/kg. Höchstmengen wurden nicht überschritten. 38 % aller Proben enthielten aber mehrere Stoffe, im Maximum sieben in einer Probe. Triclosan-methyl wurde nur in Spuren in zwei Proben festgestellt.

Pharmakologisch wirksame Stoffe

Das prophylaktisch gegen Parasiten in der Geflügelhaltung zugelassene Nicarbazin wurde nur in einer der 63 Eierproben mit einem Gehalt von 5,2 µg/kg gefunden. Für einen ähnlichen Befund (5,7 µg/kg) im Rahmen der Untersuchungen zum Nationalen Rückstandskontrollplan 2005 konnte auf der Grundlage der geringen Ausschöpfung von 0,3 % des ADI-Wertes von 400 µg/kg Körpergewicht keine unmittelbare Gesundheitsgefährdung des Verbrauchers abgeleitet werden[2].

Das Breitbandantibiotikum Chloramphenicol wurde im Vollei nicht nachgewiesen. Auch von Nitrofuranen, einer Gruppe von breitwirkenden Chemotherapeutika, wurden lediglich nichtquantifizierbare Spuren der Metabolite AHD, AMOZ, AOZ und Semicarbazid in drei Proben Vollei festgestellt.

---

[1] Jahresberichte zum Nationalen Rückstandskontrollplan
(http://www.bvl.bund.de/nrkp)
[2] Bewertungsbericht 2005 des Bundesinstituts für Risikobewertung zu den Ergebnissen
(http://www.bvl.bund.de/BfR_Stellungnahme_NRKP 2005)

Tab. 5-3 Elementgehalte in Eiprodukten (Werte in mg/kg Frischgewicht).

Element			Elementgehalte in mg/kg		
	Hühnerei			Vollei	
	Mittelwert	90. Perzentil		Mittelwert	90. Perzentil
Arsen	na	0,051*		0,009	0,014
Blei	0,004	0,015*		0,009	0,060*
Cadmium	Na	0,012*		0,002	0,007*
Kupfer	0,593	0,770		0,562	0,652
Quecksilber	0,001	0,002*		Nb	–
Selen	0,242	0,326		0,310**	0,267
Zink	12,3	14,2		11,8	13,2

na = nicht auswertbar, da nur in einer Probe quantifiziert. nb = nicht bestimmbar. * = Maximaler Gehalt. Das 90. Perzentil wurde nicht berechnet, da nur in wenigen Proben quantifiziert. ** = Der Mittelwert wird durch eine Probe mit einem sehr hohen Gehalt von 7,6 mg/kg beeinflusst; der Median liegt bei 0,194 mg/kg.

Elemente

Die Hühnereier und das Vollei wurden auf die Elemente Arsen, Blei, Cadmium, Kupfer, Quecksilber, Selen und Zink untersucht. Arsen, Blei, Cadmium und Quecksilber wurden relativ selten gefunden, während Kupfer häufig und Selen und Zink fast immer bestimmt wurden. Die gemessenen Gehalte sind in Tabelle 5-3 zusammengestellt.

Quecksilber wurde nur in drei Proben Hühnereier in sehr geringen Mengen bestimmt und in fünf Proben Vollei nur in Spuren unterhalb der Bestimmungsgrenze nachgewiesen. Der Höchstgehalt wurde nicht überschritten. Die mittleren Gehalte von Arsen, Blei, Cadmium und Kupfer lagen gleichfalls auf niedrigem Niveau. Die mittleren Selen- und Zink-Konzentrationen entsprachen in etwa den Nährwertangaben von 0,1 mg Selen und 14 mg Zink pro Kilogramm Ei.

Fazit

Hühnereier und Vollei waren nur sehr gering mit organischen Stoffen und Schwermetallen kontaminiert.

5.4
Leber

Rinderleber/Kalbsleber/Schweineleber

Leber ist ernährungsphysiologisch sehr wertvoll, da sie viel Eiweiß, Vitamine, Mineralstoffe und Spurenelemente enthält. Sie wird in zahlreichen Gerichten und als Wurstwaren verzehrt. Da die Leber als zentrales Organ des Stoffwechsels aber u. a. der Verarbeitung chemischer Substanzen und dem Abbau von Stoffwechselprodukten und Giften dient, sind Vorkommen von unerwünschten Stoffen nicht auszuschließen. Aus diesem Grund war Leber bereits im Monitoring 1996 und 1997 (Schweineleber), 1998 (Rinderleber) und 2001 (Kalbsleber) Gegenstand intensiver Untersuchungen (1997, 1998, 2001 nur auf Schwermetalle). Die Kontamination mit Schwermetallen war seiner-

zeit bei allen Leberarten gering. In Schweineleber wurde eine geringe bis mäßige Belastung mit Organochlorverbindungen festgestellt.

Die erneute Untersuchung im Jahr 2006 sollte zeigen, inwieweit sich die Kontaminationssituation verändert hat. Dazu wurden 59 Proben Rinderleber, 45 Proben Kalbsleber und 55 Proben Schweineleber auf 23 persistente Organochlorverbindungen, zwei Nitromoschusverbindungen und sechs Elemente untersucht. Bis auf zwei Proben Kalbs- und einer Probe Schweineleber stammten alle anderen Proben aus Deutschland.

Organische Stoffe

Die ubiquitären persistenten Organochlor- und Nitromoschusverbindungen wurden in allen Leberarten nur in sehr geringen Mengen gefunden. Die maximalen Konzentrationen traten stets bei PCB 138 auf und lagen im Bereich von 1,0–1,8 µg/kg. Häufig nachgewiesen wurden p,p'-DDE, HCB, PCB 138 und PCB 153 in Rinderleber sowie PCB 153 in Kalbsleber. Bei den Gehalten und Häufigkeiten positiver Befunde wirken sich neben der Art des Futters offenbar auch das Alter und die verzehrten Futtermengen der Schlachttiere auf die Anreicherung in der Leber aus, da sie in der Regel bei Rind höher waren als bei Kalb und Schwein (Abb. 5-2). Im Vergleich zu den Ergebnissen aus dem Jahr 1996 ist der Probenanteil ohne messbare Gehalte bei Schweineleber von 55 % auf nahezu 66 % angestiegen. Höchstmengen wurden nicht mehr überschritten.

Die Anteile mit Mehrfachrückständen betrugen 77 % bei Rinderleber (im Maximum 11 Rückstände in einer Probe), 51 % bei Kalbsleber (im Maximum fünf Rückstände in einer Probe) bzw. 20 % bei Schweineleber mit maximal acht Stoffen in einer Probe.

Elemente

Die Leber-Proben aller drei Tierarten wurden auf die Elemente Arsen, Blei, Cadmium, Kupfer, Selen und Zink analysiert. Einige Proben wurden zusätzlich auch auf Quecksilber untersucht, das jedoch in keiner Probe nachgewiesen wurde.

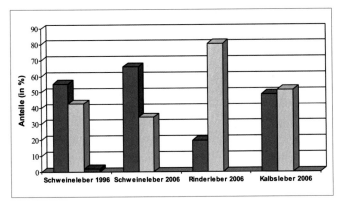

Abb. 5-2 Probenanteile mit Organochlor- und Nitromoschus-verbindungen in Leber im Jahresvergleich.

Arsen wurde nur in 4% der Proben von Schweineleber, in 18% der von Kalbsleber und in 37% der Rinderleber-Proben gefunden. Mit Ausnahme von Blei in Schweineleber (in 35% der Proben) wurden dieses Schwermetall und die anderen Elemente häufig oder sogar in allen Proben quantifiziert.

Die Gehalte sind im Vergleich zu den Ergebnissen aus früheren Untersuchungen in Tabelle 5-4 dargestellt. Im Jahresvergleich deutet sich vor allem bei Blei eine Verringerung der Konzentrationen an. Die Gehalte der anderen Elemente sind in etwa gleich geblieben, mit geringfügig höheren Werten insbesondere bei Kupfer, Selen und Zink. Höchstgehalte waren nicht überschritten.

Kupfer wird bekanntermaßen stärker in der Leber von Kälbern als bei anderen Tieren angereichert, sodass sich daraus die vergleichsweise hohen Gehalte ergeben.

Fazit

Rinder-, Kalbs- und Schweineleber war im Allgemeinen sehr gering mit organischen Stoffen kontaminiert. Die Kontamination mit Schwermetallen war ebenfalls gering.

5.5
Niere

Rinderniere/Kalbsniere/Schweineniere

Ähnlich wie die Leber sind auch Nieren ernährungsphysiologisch wertvolle Lebensmittel. Als Hauptzutat für Gerichte – meist sind es Ragouts oder Suppen – werden vor allem Nieren vom Lamm, Kalb und Schwein verwendet, seltener auch vom Geflügel. Rindernieren sind zu fest und werden nur zerkleinert für Blut- und Leberwurst verwendet.

In Nieren sind aber auch Nachweise an unerwünschten Stoffen möglich, da sie neben anderen lebenswichtigen Kreislauf- und Stoffwechselfunktionen im Körper vor allem Stoffwechselendprodukte und andere Schadstoffe aus dem Blut filtrieren und somit der Entgiftung des Körpers dienen.

Insbesondere das Potenzial zur Anreicherung von Schwermetallen war Anlass für Monitoringuntersuchungen in den Jahren 2001 (Kalbs- und Schweineniere) und 2002 (Rinderniere). Seinerzeit waren einige erhöhte Blei-, Cadmium- und Quecksilber-Gehalte aufgefallen.

Mit der Monitoringuntersuchung im Jahr 2006 sollte die Kontaminationssituation erneut geprüft werden. Es wurden deshalb 52 Proben Rinderniere, 45 Proben Kalbsniere und 55 Proben Schweineniere auf die Gehalte von sechs Elementen

Tab. 5-4 Elementgehalte in Leber im Jahresvergleich (Werte in mg/kg Frischgewicht).

| Element | Elementgehalte in mg/kg (Untersuchungsjahr) | | | | | |
| | Rinderleber | | Kalbsleber | | Schweineleber | |
	Mittelwert	90. Perzentil	Mittelwert	90. Perzentil	Mittelwert	90. Perzentil
Arsen	0,034 (1998)	0,100 (1998)	0,013 (2001)	0,025 (2001)		
	0,010 (2006)	0,020 (2006)	0,013 (2006)	0,050 (2006)	0,011 (2006)	0,046 (2006)
Blei					0,030 (1996)	0,058 (1996)
	0,055 (1998)	0,120 (1998)	0,063 (2001)	0,130 (2001)	0,041 (1997)	0,060 (1997)
	0,035 (2006)	0,079 (2006)	0,037 (2006)	0,102 (2006)	0,014 (2006)	0,020 (2006)
Cadmium					0,036 (1996)	0,061 (1996)
	0,068 (1998)	0,120 (1998)	0,027 (2001)	0,049 (2001)	0,041 (1997)	0,070 (1997)
	0,053 (2006)	0,093 (2006)	0,025 (2006)	0,050 (2006)	0,034 (2006)	0,065 (2006)
Kupfer	40,1 (1998)	84,0 (1998)	108,9 (2001)	281,9 (2001)		
	42,4 (2006)	83,9 (2006)	122,5 (2006)	241,8 (2006)	11,1 (2006)	20,9 (2006)
Quecksilber					0,006 (1996)	0,015 (1996)
	0,007 (1998)	0,011 (1998)	0,008 (2001)	0,01 (2001)	0,007 (1997)	0,015 (1997)
	nn (2006)	nn (2006)	nn (2006)	nn (2006)	nn (2006)	nn (2006)
Selen	0,180 (1998)	0,360 (1998)	0,297 (2001)	0,538 (2001)		
	0,336 (2006)	0,530 (2006)	0,425 (2006)	0,732 (2006)	0,641 (2006)	0,819 (2006)
Zink			61,6 (2001)	123,3 (2001)		
	38,6 (2006)	49,7 (2006)	71,7 (2006)	122,8 (2006)	66,1 (2006)	103,8 (2006)

nn = nicht nachweisbar bei zusätzlichen Untersuchungen an 5-10 Proben

Tab. 5-5 Elementgehalte in Niere im Jahresvergleich (Werte in mg/kg Frischgewicht).

| Element | Elementgehalte in mg/kg (Untersuchungsjahr) | | | | | |
| | Rinderniere | | Kalbsniere | | Schweineniere | |
	Mittelwert	90. Perzentil	Mittelwert	90. Perzentil	Mittelwert	90. Perzentil
Arsen	0,030 (2002) 0,022 (2006)	0,065 (2002) 0,044 (2006)	0,020 (2001) 0,016 (2006)	0,033 (2001) 0,050 (2006)	0,005* (2001) 0,009 (2006)	0,020 (2001) 0,027 (2006)
Blei	0,080 (2002) 0,095 (2006)	0,190 (2002) 0,157 (2006)	0,112 (2001) 0,090 (2006)	0,210 (2001) 0,128 (2006)	0,021 (2001) 0,014 (2006)	0,037 (2001) 0,020 (2006)
Cadmium	0,308 (2002) 0,292 (2006)	0,606 (2002) 0,635 (2006)	0,151 (2001) 0,151 (2006)	0,302 (2001) 0,290 (2006)	0,169 (2001) 0,160 (2006)	0,277 (2001) 0,251 (2006)
Kupfer	4,04 (2002) 3,96 (2006)	4,55 (2002) 4,66 (2006)	4,81 (2001) 11,8** (2006)	8,98 (2001) 8,02 (2006)	6,48 (2001) 6,31 (2006)	9,46 (2001) 8,95 (2006)
Quecksilber	0,007 (2002)	0,013 (2002)	0,006 (2001) nn (2006)	0,01 (2001) nn (2006)	0,010 (2001) nn (2006)	0,015 (2001) nn (2006)
Selen	1,18 (2002) 1,54 (2006)	1,59 (2002) 2,00 (2006)	0,855 (2001) 0,986 (2006)	1,31 (2001) 1,44 (2006)	1,83 (2001) 2,23 (2006)	2,55 (2001) 2,81 (2006)
Zink	19,5 (2002) 19,8 (2006)	24,0 (2002) 22,7 (2006)	28,2 (2001) 33,9 (2006)	49,7 (2001) 59,0 (2006)	25,1 (2001) 27,5 (2006)	31,0 (2001) 38,0 (2006)

nn = nicht nachweisbar bei zusätzlichen Untersuchungen an 5–7 Proben; * = Median; Mittelwert nicht berechnet, da nur in 8,5 % der Proben quantifiziert. ** = Der Mittelwert wird durch eine Probe mit einem sehr hohen Gehalt von 326 mg/kg beeinflusst; der Median liegt bei 4,3 mg/kg.

untersucht, Schweineniere darüber hinaus auch wieder auf OTA. Die Proben kamen vollständig (Rinderniere) oder überwiegend (96 % der Kalbsnieren, 82 % der Schweinenieren) aus Deutschland. Zwei Proben Kalbsnieren und eine Probe Schweinenieren stammten aus den Niederlanden. Ein erheblicher Teil (16 %) der Schweinenieren war aus verschiedenen anderen Herkünften.

Elemente

Analog den Leber-Proben wurden auch die Nieren aller drei Tierarten auf die Elemente Arsen, Blei, Cadmium, Kupfer, Selen und Zink untersucht.

Cadmium, Kupfer, Selen und Zink wurden nahezu immer gefunden. Auch Blei war in mehr als 80 % der Kalbs- und Rindernieren quantifizierbar, in Schweinenieren jedoch nur in 38 % der Proben. Arsen war in weniger als 50 % aller Proben zu finden. Bei zusätzlichen Untersuchungen einiger Proben Kalbs- und Schweinenieren auf Quecksilber traten keine messbaren Gehalte auf.

Die Befunde sind im Vergleich zu den Ergebnissen aus früheren Untersuchungen in Tabelle 5-5 dargestellt. Abgesehen von Quecksilber und von den etwas höheren Selen- und Zink-Konzentrationen wurden bei den anderen Elementen keine signifikanten Unterschiede der Gehalte gegenüber den früheren Messungen festgestellt.

Im Gegensatz zu den Untersuchungen in den Jahren 2001 und 2002 lagen die Maximalgehalte für Cadmium nun unter dem mittlerweile eingeführten Höchstgehalt von 1,0 mg/kg. In jeweils einer Probe Rinder- und Kalbsnieren war jedoch der Höchstgehalt für Blei von 0,05 mg/kg überschritten. Dieser Anteil von ca. 2 % ist somit wieder in gleicher Größenordnung wie in den Jahren 2001 bzw. 2002, bei denen ein Richtwert von 0,05 mg/kg für Blei herangezogen wurde.

Ochratoxin A

Durch verbesserte Futtermittelqualität wurde OTA nur in 12 % der Schweinenieren gefunden, damit wesentlich seltener als im Jahr 2001 (27 %). Der mittlere Gehalt ist zwar nur geringfügig von 0,31 µg/kg auf 0,25 µg/kg gesunken, dafür war die maximale Konzentration mit 3,8 µg/kg wesentlich geringer als im Jahr 2001 (17,25 µg/kg).

Fazit

Rinder-, Kalbs- und Schweinenieren waren gering mit Schwermetallen kontaminiert. OTA wurde in Schweinenieren wesentlich seltener und in geringerer Konzentration als im Jahr 2001 gefunden. Dennoch sind weitere Anstrengungen zur Verminderung der Schwermetall- und OTA-Kontamination des Tierfutters zu unternehmen.

5.6
Seefische

Haifisch/Schwertfisch/Thunfisch

Seefische (Salzwasserfische) sind in vielen Gebieten der Erde Grundnahrungsmittel oder Hauptbestandteil der Ernährung. Neben dem Proteingehalt ist Seefisch wichtig für die Versorgung des Menschen mit Iod, verschiedenen Vitaminen und Spurenelementen. Leider reichert Fisch aber auch diverse Umweltgifte aus seinem natürlichen Lebensraum an. Dies gilt insbesondere für Quecksilber bei großen alten Raubfischen, wie z. B. Thun-, Schwert- und Haifischen, die am Ende der Nahrungskette stehen. Schwertfische über 80 kg dürfen nicht mehr in die EU importiert werden, da sie die Grenzwerte von Quecksilber im essbaren Teil in der Regel überschreiten.

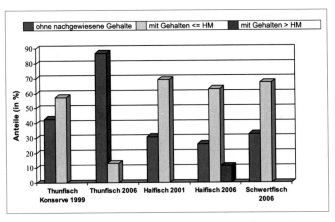

Abb. 5-3 Probenanteile mit Organochlor- und Nitromoschusverbindungen in Seefischen im Jahresvergleich.

Während Haifisch-Steaks nach wie vor eine exotische Delikatesse für Kenner sind, erfreuen sich die kalbfleischähnlichen Thunfisch-Steaks großer Beliebtheit. Schwertfisch ähnelt dem Thunfisch, hat ebenfalls ein festes, würziges Fleisch, das oft als Kotelett im Angebot ist.

Im Lebensmittel-Monitoring wurden schon viele Seefischarten auf Gehalte an unerwünschten Stoffen untersucht (s. Kap. 7). Je nach ihrer Stellung in der Nahrungskette des Meeres, ihrem Lebensraum und ihrem Fettgehalt wurden dabei unterschiedliche Kontaminationen mit Schwermetallen und in geringerem Umfang auch mit fettlöslichen persistenten Organochlorverbindungen festgestellt. Haifisch (Monitoring 2001) und Thunfisch in Konserven (Monitoring 1999) wiesen zwar eine geringe Kontamination mit organischen Stoffen auf, waren aber mit Quecksilber mittelgradig (Thunfisch) bzw. hoch belastet (Haifisch). Die neuerliche Untersuchung dieser beiden Fischarten im Jahr 2006 sollte zeigen, inwieweit sich die Kontaminationssituation verändert hat. Schwertfisch wurde erstmalig ins Monitoring einbezogen.

Es wurden 27 Proben Haifisch-, 61 Proben Thunfisch- und 55 Proben Schwertfisch-Zuschnitte auf 28 persistente Organochlorverbindungen (einschließlich PCB-Kongenere), acht polycyclische aromatische Kohlenwasserstoffe (PAK), zwei Nitromoschusverbindungen, Triclosan-methyl und sieben Elemente analysiert. Die Herkünfte waren in vielen Fällen unbekannt. Zugeordnet werden konnte die Verarbeitung einiger Haifisch-Proben aus Norwegen (5 Proben) und Vietnam (5 Proben), Thunfisch aus Deutschland (17 Proben), Sri Lanka (9 Proben) und Niederlande (7 Proben) sowie Schwertfisch aus Deutschland (10 Proben), Sri Lanka (8 Proben) und Spanien (4 Proben).

Organische Stoffe

Organochlor- und Nitromoschusverbindungen wurden in mehr als zwei Dritteln der Haifisch- und Schwertfisch-Zuschnitte gefunden (Abb. 5-3). Im Gegensatz zu 2001 waren in drei Proben Haifisch (11 %) die Höchstmengen für PCB 138 und 153 überschritten, in zwei dieser Proben zusätzlich auch die Höchstmengen für PCB 180, DDT und Endosulfan. Positiv ist der wesentlich geringere Anteil mit Rückständen im Thunfisch im Vergleich zu den Ergebnissen aus 1999 bei den Konserven. Häufig wurde nur p,p'-DDE in Hai- und Schwertfisch quantifiziert. Mit Ausnahme der Werte über den Höchstmengen bei Haifisch waren die mittleren Gehalte sehr gering (<0,01 mg/kg), dabei korrelierend mit der Häufigkeit der Befunde bei den Haifisch-Zuschnitten generell etwas höher und bei Thunfisch am geringsten. Mehrfachrückstände wurden in 59 % bzw. 56 % der Hai- und Schwertfisch-Proben gefunden, im Maximum 13 bzw. 12 Stoffe in einer Probe. Thunfisch enthielt nur in einer Probe mehrere Stoffe.

Nitromoschusverbindungen wurden nur in sehr geringer Konzentration von bis zu 0,003 mg/kg in einer Probe Thunfisch und zwei Proben Schwertfisch gefunden. Triclosan-methyl war nie nachzuweisen.

Von den PAK wurden in Haifisch häufig Benzo(a)anthracen und Chrysen quantifiziert; in Schwertfisch ebenfalls Chrysen. Auch hier war Thunfisch am geringsten kontaminiert. Die Gehalte waren sehr gering und lagen unter 0,001 mg/kg.

Elemente

Die Proben aller drei Fischarten wurden auf die Elemente Arsen, Blei, Cadmium, Kupfer, Quecksilber, Selen und Zink analysiert. Arsen, Quecksilber, Selen und Zink wurden in nahezu allen Proben quantifiziert. In Thun- und Schwertfisch wurde auch Cadmium sehr häufig, in Haifisch hingegen nur in der Hälfte der Proben gefunden. Je nach Fischart wurden Kupfer in 29–67 % der Proben und Blei nur in 8–48 % der Proben bestimmt. Die Gehalte sind im Vergleich zu den Ergebnissen aus früheren Untersuchungen in Tabelle 5-6 dargestellt.

Die Konzentrationen von Kupfer, Selen und Zink waren relativ gering und bestätigen bei Hai- und Thunfisch vielfach die Befunde aus früheren Untersuchungen. Gleiches gilt im Allgemeinen auch für Blei. Werte über dem bis 2006 geltenden Höchstgehalt von 0,2 mg Blei/kg wurden in zwei Proben Hai- und einer Probe Schwertfisch festgestellt, bei Haifisch liegen sie mit 0,39 mg/kg bzw. 0,87 mg/kg auch über dem seit 1. März 2007 geltenden Grenzwert von 0,3 mg/kg.

Bedingt durch die Anreicherung aus dem Meerwasser und über die Nahrungskette waren die Arsen-Gehalte auch in diesen Fischen relativ hoch, allerdings überwiegend in Form der weniger toxischen organischen Verbindungen.

Auffällig waren die Kontaminationen mit Cadmium und Quecksilber. Der im Jahr 2006 geltende Cadmium-Höchstgehalt von 0,05 mg/kg war in Haifisch zweimal (7,4 %) und in Schwertfisch 21mal (43 %) überschritten. Unter Berücksichtigung des seit 1. März 2007 speziell für Schwertfisch gültigen Cadmium-Höchstgehalts von 0,3 mg/kg lag jedoch nur noch ein Gehalt über dem Grenzwert. Die Quecksilber-Gehalte lagen bei Haifisch neunmal (35 %) und bei Schwertfisch 15mal (27 %) über dem zulässigen Höchstwert von 1 mg/kg.

Fazit

Schwertfisch und vor allem Thunfisch waren gering, Haifisch jedoch erhöht mit unerwünschten organischen Stoffen kontaminiert. Die Schwermetallkontamination war bei Thunfisch gering, bei Haifisch und Schwertfisch bezüglich

Tab. 5-6 Elementgehalte in Seefischen im Jahresvergleich (Werte in mg/kg Frischgewicht).

| Element | Elementgehalte in mg/kg (Untersuchungsjahr) | | | | | |
| | Haifisch | | Thunfisch* | | Schwertfisch | |
	Mittelwert	90. Perzentil	Mittelwert	90. Perzentil	Mittelwert	90. Perzentil
Arsen	8,42 (2001) 3,33 (2006)	19,3 (2001) 7,77 (2006)	0,410 (1999) 0,485 (2006)	1,10 (1999) 1,31 (2006)	0,878 (2006)	1,94 (2006)
Blei	0,026 (2001) 0,087 (2006)	0,050 (2001) 0,190 (2006)	0,022 (1999) 0,015 (2006)	0,030 (1999) 0,020 (2006)	0,024 (2006)	0,052 (2006)
Cadmium	0,014 (2001) 0,023 (2006)	0,029 (2001) 0,069 (2006)	0,018 (1999) 0,012 (2006)	0,033 (1999) 0,023 (2006)	0,074 (2006)	0,235 (2006)
Kupfer	0,563 (2001) 1,12 (2006)	1,32 (2001) 2,74 (2006)	0,510 (1999) 0,470 (2006)	0,810 (1999) 0,540 (2006)	0,605 (2006)	2,19 (2006)
Quecksilber	1,01 (2001) 0,903 (2006)	2,08 (2001) 2,03 (2006)	0,150 (1999) 0,236 (2006)	0,350 (1999) 0,452 (2006)	0,838 (2006)	1,83 (2006)
Selen	0,313 (2001) 0,305 (2006)	0,529 (2001) 0,540 (2006)	0,730 (1999) 0,715 (2006)	1,00 (1999) 1,05 (2006)	0,552 (2006)	0,857 (2006)
Zink	4,45 (2001) 5,50 (2006)	6,80 (2001) 13,4 (2006)	5,90 (1999) 4,32 (2006)	9,20 (1999) 6,02 (2006)	7,35 (2006)	13,8 (2006)

* = Ergebnisse von 1999 zu Thunfisch in eigenem Saft (Konserve)

Cadmium und Quecksilber jedoch mittelgradig bis hoch, sodass von einem übermäßigen Verzehr dieser Fische abzuraten ist[3,4,5].

5.7
Fischerzeugnisse

Räucheraal

Geräucherter Aal ist eine beliebte Delikatesse mit extrem fettreichem Fleisch. Der hohe Fettgehalt begünstigt jedoch die Anreicherung organischer Kontaminanten, wie Monitoringuntersuchungen im Jahr 1997 bestätigt haben. Zur erneuten Überprüfung der Kontaminationssituation wurden 55 Proben Räucheraal auf das Vorkommen von 28 persistenten Organochlorverbindungen (einschließlich PCB-Kongenere), acht PAK, zwei Nitromoschusverbindungen, fünf BTEX-Aromaten, auf Triclosan-methyl sowie auf sieben Elemente untersucht. Nahezu zwei Drittel der Proben stammten aus deutscher Herstellung, jeweils vier Proben aus den Niederlanden bzw. Italien und ein Fünftel war aus verschiedenen anderen Herkünften.

Organische Stoffe

Wie schon im Jahr 1997 wurden die ubiquitären persistenten Organochlor- und Nitromoschusverbindungen in nahezu jeder Probe gefunden (Abb. 5-4). Nur eine Probe wies keine messbaren Gehalte auf.

Abb. 5-4 zeigt, dass im Vergleich dazu in geräucherter Makrele im Jahr 1997 ein etwas höherer Anteil an Proben ohne messbare Gehalte festgestellt worden war.

Fast alle Proben (90 %) Räucheraal enthielten Mehrfachrückstände, wobei in 21 Proben mehr als 9 Stoffe identifiziert wurden. Das Maximum lag bei 20 Stoffen in einer Probe. In mehr als 50 % der Proben wurden p,p'-DDD, p,p'-DDE, p,p'-DDT, Dieldrin, HCB, alpha-HCH, PCB 52, PCB 101, PCB 118, PCB 138, PCB 153 und PCB 180 nachgewiesen. Die Konzentrationen waren insgesamt gering. Mit Ausnahme von p,p'-DDE (0,02 mg/kg), PCB 138 (0,02 mg/kg) und PCB 153 (0,04 mg/kg) lagen die mittleren Gehalte der anderen Stoffe unter 0,01 mg/kg. Nur in einer Probe (2 %) wurden Konzentrationen für PCB 101, PCB 138, PCB 153 und PCB 180 über den Höchstmengen gefunden.

Bromocyclen wurde nicht nachgewiesen. Rückstände der Triphenylmethanfarbstoffe Brillantgrün, Kristallviolett und Malachitgrün wurden bei zusätzlichen Untersuchungen einzelner Proben ebenfalls nicht gefunden (s. auch Kap. 6.6 und 6.10).

Triclosan-methyl wurde nur in einer Probe mit einem Gehalt von 0,006 mg/kg quantifiziert.

Infolge des Räucherns wurden erwartungsgemäß auch Stoffe aus der Gruppe der PAK nachgewiesen. Die Leitsubstanz Benzo(a)pyren war in einem Viertel der Proben quantifizierbar, damit am häufigsten von allen PAK. Aber selbst die maximalen PAK-Gehalte waren sehr niedrig und lagen unter 0,004 mg/kg. Der Höchstgehalt für Benzo(a)pyren war nicht überschritten.

Die ebenfalls im Rauchgas enthaltenen BTEX-Aromaten

---

[3] Stellungnahme des BgVV vom Februar 1999: Quecksilberbelastung schwangerer Frauen durch See-Fisch (http://www.bfr.bund.de/cm/208/quecksilberbelastung_schwangerer_frauen_durch_seefisch.pdf)
[4] BgVV Verbrauchertipps zur Verringerung der Aufnahme unerwünschter Stoffe über Lebensmittel (http://www.bfr.bund.de/cm/208/verbrauchertipps_zur_verringerung_der_aufnahme_unerwuenschter_stoffe_ueber_lebensmittel.pdf)
[5] Stellungnahme des BfR vom 29. März 2004: Quecksilber und Methylquecksilber in Fischen und Fischprodukten – Bewertung durch die EFSA (http://www.bfr.bund.de/cm/208/quecksilber_und_methylquecksilber_in_fischen_und_fischprodukten__bewertung_durch_die_efsa.pdf)

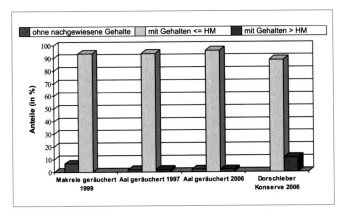

Abb. 5-4 Probenanteile mit Organochlor- und Nitromoschus-verbindungen in Fischerzeugnissen im Jahresvergleich (Dorschleber: ohne Berücksichtigung von Dioxinen und dioxinähnlichen PCB).

Benzol, Toluol, Ethylbenzol und Xylol wurden in mehr als der Hälfte aller Räucheraal-Proben gefunden. Die Gehalte sind in Tabelle 5-7 aufgeführt.

Elemente

Im Räucheraal wurden die Elemente Arsen, Blei, Cadmium, Kupfer, Quecksilber, Selen und Zink untersucht. Ähnlich wie bei Seefisch wurde Arsen, Quecksilber, Selen, Zink, aber auch Kupfer in nahezu allen Räucheraal-Proben gefunden, dagegen Blei nur in einem Fünftel und Cadmium in einem Drittel aller Proben. Die Gehalte sind im Vergleich zu den Ergebnissen aus früheren Untersuchungen in Tabelle 5-8 dargestellt. Auffällig sind die im Vergleich zu Seefisch (Tab. 5-6) wesentlich geringeren Gehalte an Arsen, Cadmium und Quecksilber.

Fazit

Räucheraal war nur gering mit Schwermetallen kontaminiert, enthielt aber fast immer mehrere der ubiquitär vorkommenden Organochlorverbindungen, meist unterhalb der zulässigen Höchstmengen. Weniger häufig und mit sehr geringen Gehalten wurden die beim Räuchern gebildeten PAK gefunden. Die gleichfalls im Rauchgas enthaltenen BTEX-Aromaten wurden häufig bestimmt.

Tab. 5-7 Gehalte an BTEX in Fischerzeugnissen.

Stoff	Räucheraal			Dorschleber in Öl (Konserve)		
	Anteil mit quantifizierbaren Gehalten (%)	Mittelwert (mg/kg)	Maximalwert (mg/kg)	Anteil mit quantifizierbaren Gehalten (%)	Mittelwert (mg/kg)	Maximalwert (mg/kg)
Benzol	75,8	0,202	1,93	36,7	0,070	0,571
Ethylbenzol	51,5	0,153	0,540	nn	–	–
Styrol	nn	–	–	3,3	0,009	0,260
Toluol	60,6	0,528	3,05	17,6	0,142	2,24
Xylol	54,5	0,060	0,220	46,7	0,091	0,467

nn = nicht nachweisbar

Tab. 5-8 Elementgehalte in Fischerzeugnissen im Jahresvergleich (Werte in mg/kg Frischgewicht).

Element	Elementgehalte in mg/kg (Untersuchungsjahr)			
	Räucheraal		Dorschleber in Öl	
	Mittelwert	90. Perzentil	Mittelwert	90. Perzentil
Arsen	0,782 (2006)	1,83 (2006)	3,02 (2006)	5,90 (2006)
Blei	0,014 (1997) 0,014 (2006)	0,025 (1997) 0,048 (2006)	0,022 (2006)	0,045 (2006)
Cadmium	0,004 (1997) 0,004 (2006)	0,008 (1997) 0,007 (2006)	0,038 (2006)	0,114 (2006)
Kupfer	2,36* (2006)	0,718 (2006)	6,98 (2006)	12,1 (2006)
Quecksilber	0,100 (1997) 0,171 (2006)	0,240 (1997) 0,410 (2006)	0,028 (2006)	0,056 (2006)
Selen	0,286 (2006)	0,554 (2006)	0,575 (2006)	0,863 (2006)
Zink	23,0 (2006)	31,7 (2006)	17,7 (2006)	24,3 (2006)

* = Der Mittelwert wird durch eine Probe mit einem sehr hohen Gehalt von 39,7 mg/kg beeinflusst; der Median liegt bei 0,375 mg/kg.

Dorschleber in Öl (Konserve)

Die fettreiche Leber des Dorschs (Kabeljau) zählt zwar eher zu den selten verzehrten Lebensmitteln, gehört aber als schmackhafte Delikatesse zum festen Sortiment der Supermärkte. Dorschleber wird als Konserve angeboten und gilt wegen ihres Gehaltes an Vitaminen und Omega-3-Fettsäuren als gesund. Aufgrund ihrer Funktion als zentrales Entgiftungsorgan können sich aber in der Fischleber Schadstoffe anreichern. Zur Beschreibung der Kontaminationssituation wurde deshalb im Monitoring 2006 erstmalig Dorschleber in eigenem Öl untersucht. Die 44 Proben stammten meist aus Polen (26 Proben). Vier Proben waren aus isländischer Produktion und die übrigen aus verschiedenen Herkünften. Das Untersuchungsspektrum umfasste alle Stoffe und Stoffgruppen, auf die auch Räucheraal analysiert wurde (s. o.), sowie zusätzlich die Dioxine und dioxinähnlichen PCB, die in der Vergangenheit mehrfach wegen erhöhter Befunde auffielen und Anlass für Meldungen im europäischen Schnellwarnsystem waren.

Organische Stoffe

Die bekannten, ubiquitären Organochlorverbindungen (ohne Dioxine, s. u.) und Nitromoschusverbindungen wurden in jeder Probe Dorschleber gefunden (Abb. 5-4). Jede Probe enthielt mindestens neun Stoffe, darunter stets p,p'-DDD, p,p'-DDE, Dieldrin, HCB und Oxychlordan. Im Maximum wurden 14 Stoffe pro Probe gefunden. Häufig quantifiziert wurden alpha-HCH, alpha- und gamma-Chlordan, o,p'-DDD, cis-Heptachlorepoxid sowie Toxaphen (Parlare 26 und 50). Die mittleren Gehalte waren im Vergleich zu Räucheraal höher und lagen in einem weiten Bereich zwischen <0,01 mg/kg bei zahlreichen Stoffen und >0,4 mg/kg bei DDT. Die Höchstmenge von 0,01 mg/kg für Endosulfan war in 11,4 % der Proben überschritten.

Das in der Vergangenheit häufig gefundene Bromocyclen wurde nicht mehr nachgewiesen. Triclosan-methyl wurde in 25 % der Proben quantifiziert, wobei 90 % der Gehalte unter 0,01 mg/kg lagen.

Von den PAK wurde lediglich Benzo(a)pyren mit einem sehr geringen Gehalt von 0,001 mg/kg in einer Probe quantifiziert.

Da Dorschleber meist nicht geräuchert wird, sind die Kontaminationen mit Stoffen der BTEX-Gruppe wesentlich seltener und meistens auch geringer als bei Räucheraal (Tab. 5-7). Im Unterschied zum Räucheraal wurde in der Dorschleber kein Ethylbenzol gefunden, dafür aber wesentlich häufiger Xylol und dieses in höherer Konzentration bis maximal 0,47 mg/kg. In einigen Proben wurden Toluol-Befunde bis maximal 2,24 mg/kg festgestellt.

18 Proben Dorschleber wurden auch auf Dibenzodioxine und –furane sowie auf dioxinähnliche PCB untersucht. Alle in der Verordnung (EG) Nr. 1881/2006 genannten Kongenere wurden häufig, überwiegend sogar in jeder Probe gefunden. In zwei Dritteln der Proben lagen die Gehalte über dem seit 1. März 2007 für Fischereierzeugnisse geltenden Dioxin-Höchstgehalt von 4 pg/g Frischgewicht und in 88,9 % der Proben über dem Höchstgehalt von 8 pg/g Frischgewicht für die Summe aus Dioxinen und dioxinähnlichen PCB. Das BfR empfiehlt, in den Gebieten, in denen Dorsche gefangen werden, für Verbrau-

cher, die frische Dorschleber von selbst gefangenen Dorschen zubereiten, verarbeiten oder verzehren, regional Verzehrswarnungen zu kommunizieren[6].

Elemente

Auch bei Dorschleber-Proben wurden Arsen, Kupfer, Selen und Zink in nahezu allen Proben quantifiziert. Cadmium wurde in 77 % der Proben gefunden, Quecksilber in 59 % und Blei in 25 % aller Proben. Die Gehalte (Tab. 5-8) für Blei, Kupfer, Selen und Zink sind in etwa mit den Befunden zu Räucheraal und den Seefischen (s. Tab. 5-6) vergleichbar. Die Arsen- und Cadmium-Konzentrationen sind erhöht, während die Quecksilber-Gehalte relativ gering waren.

Fazit

Dorschleber war in erhöhtem Maße mit Organochlorverbindungen, insbesondere mit Dioxinen und dioxinähnlichen PCB kontaminiert. In jeder Probe wurden Rückstände gefunden. BTEX-Aromaten wurden seltener quantifiziert und in relativ geringer Menge. Bei den Schwermetallen fielen einige erhöhte Cadmium-Gehalte auf.

5.8
Pflanzliche Öle

Rapsöl, kaltgepresst/Sonnenblumenöl, kaltgepresst

Rapsöl ist Deutschlands bedeutendstes Speiseöl. Es ist ernährungsphysiologisch wertvoll, da es im Vergleich zu den anderen Pflanzenölen einen sehr hohen Gehalt an ungesättigten Fettsäuren und den niedrigsten Anteil an gesättigten Fettsäuren enthält. Sonnenblumenöl ist ebenfalls reich an ungesättigten Fettsäuren. Wegen ihres nussigen Geschmacks sind vor allem die kaltgepressten Raps- und Sonnenblumenöle eine wertvolle Spezialität und ideal für Salate, Dips und Marinaden. Sie werden aus gereinigter Rapssaat bzw. Sonnenblumenkernen ausschließlich durch den mechanischen Druck und die Bewegung der Samenkörner in einer kleinen, sich kontinuierlich drehenden Schneckenpresse hergestellt. Das so gewonnene Öl wird mehrfach filtriert und ansonsten nicht weiter aufbereitet. Durch diese schonende Herstellung bleiben die wertvollen Inhaltsstoffe erhalten, es können dabei aber auch im Samenkorn angereicherte organische Umweltkontaminanten ins Öl übergehen. Als Indikatoren kommen dafür u. a. PAK und BTEX in Frage, auf deren Gehalte deshalb im Monitoring 2006 erstmalig kaltgepresstes Raps- und Sonnenblumenöl untersucht wurden.

Drei Viertel der 73 Proben Rapsöl stammten aus Deutschland sowie fünf Proben aus Österreich. Von den 66 Proben Sonnenblumenöl waren zwei Drittel aus deutscher Produktion und drei Proben aus Österreich. Die übrigen Proben waren aus verschiedenen Herkünften.

[6] Gesundheitliche Bewertung Nr. 41/2006 des BfR vom 1. Juni 2006: EU-Höchstgehalte für Dioxine und dioxinähnliche PCB in Fisch schützen Vielverzehrer von fetthaltigem Fisch nicht immer ausreichend. (http://www.bfr.bund.de/cm/208/eu_hoechstgehalte_fuer_dioxine_und_dioxinaehnliche_pcb_in_fisch.pdf)

Tab. 5-9 Gehalte an BTEX in pflanzlichen Ölen.

Stoff	Rapsöl kaltgepresst			Sonnenblumenöl kaltgepresst		
	Anteil mit quantifizierbaren Gehalten (%)	Mittelwert (mg/kg)	Maximalwert (mg/kg)	Anteil mit quantifizierbaren Gehalten (%)	Mittelwert (mg/kg)	Maximalwert (mg/kg)
Benzol	9,9	0,008	0,110	nn	–	–
Ethylbenzol	nn	–	–	1,5	0,013	0,100
Toluol	4,2	0,002	0,044	4,5	0,014	0,100
Xylol	2,8	0,005	0,160	6,9	0,031	0,640

nn = nicht nachweisbar

Organische Stoffe

Die PAK Benzo(a)anthracen, Benzo(a)pyren, Benzo(b)fluoranthen, Benzo(g,h,i)perylen, Benzo(k)fluoranthen, Chrysen, Dibenz(a,h)anthracen und Indeno(1,2,3-cd)pyren wurden in Sonnenblumenöl meistens häufiger als in Rapsöl gefunden, in beiden Ölsorten aber stets in weniger als der Hälfte aller Proben und allgemein in niedriger Konzentration. Am häufigsten wurde Benzo(a)anthracen (in 42 % der Sonnenblumenöl-Proben) und selten Dibenz(a,h)anthracen (in maximal 6 % der Proben) nachgewiesen. Die Leitsubstanz Benzo(a)pyren wurde in 17 % der Rapsöl-Proben und 30 % der Sonnenblumenöl-Proben quantifiziert.

Mit Ausnahme von Benzo(a)anthracen (2,3 µg/kg Rapsöl) lagen 90 % der Gehalte der anderen PAK stets unter 2 µg/kg. Die maximale Konzentration von allen PAK betrug 8,1 µg Benzo(a)anthracen pro kg Rapsöl. Ein Höchstgehalt ist für diesen Stoff nicht festgelegt, sondern z. Z. nur für Benzo(a)pyren mit 2 µg/kg Öl. Dieser war lediglich in je einer Probe Raps- und Sonnenblumenöl überschritten. Die mittleren (0,17–0,18 µg/ kg) und maximalen (2,4–4,4 µg/kg) Benzo(a)pyren-Gehalte sind in etwa mit denen im nativen Olivenöl (extra) vergleichbar (0,2 µg/kg bzw. 4,6 µg/kg), das im Monitoring 2000 untersucht worden war.

Im Vergleich zu den PAK wurden die BTEX-Aromaten wesentlich seltener, aber in höheren Konzentrationen nachgewiesen (Tab. 5-9).

Styrol wurde nicht quantifiziert. Die Nachweishäufigkeit und die gefundenen Gehalte sind wesentlich geringer als in Butter (s. Kap. 5.2) und in den Fischerzeugnissen (s. Kap. 5.7).

Fazit
Die kaltgepressten Raps- und Sonnenblumenöle waren gering mit PAK und BTEX kontaminiert.

5.9
Getreide

Weizenkörner

Weizen ist heutzutage das wichtigste Brotgetreide und somit als Grundnahrungsmittel von großer Bedeutung für die menschliche Ernährung. Eine regelmäßige Überprüfung auf unerwünschte Stoffe ist daher unerlässlich und wurde deshalb bereits im Monitoring 1997, 1998, 1999 und 2003 vorgenommen. In den Vorjahren konnte eine insgesamt geringe Kontamination festgestellt werden. Die erneute Einbeziehung in das Monitoringprogramm 2006 ergab sich aus der von der EU-Kommission gegebenen Empfehlung zum KÜP und sollte zeigen, inwieweit sich die Kontaminationssituation seitdem verändert hat.

Es wurden 102 hauptsächlich aus inländischer Produktion stammende Weizenproben auf die Rückstände der für die Weizenproduktion relevanten 104 Pflanzenschutzmittel-Wirkstoffe, auf drei Mykotoxine und auf acht Elemente untersucht.

Pflanzenschutzmittel

Wie schon im Jahr 2003 wurden die positiven Befunde auch im Jahr 2006 durch den häufigen Nachweis des zur Halmfestigung eingesetzten Chlormequats (in 72 % der Proben) und des im Vorratsschutz verwendeten Pirimiphos-methyl (in 26 % der Proben) dominiert. Bedingt auch durch die optimale Anpassung des Untersuchungsspektrums an die landwirtschaftliche Praxis und die weitere Verbesserung der Analytik gegenüber den früheren Untersuchungen ist im Vergleich zu den Ergebnissen aus dem Jahr 2003 (s. Abb. 5-5) der Anteil von Proben mit quantifizierbaren Rückständen im Jahr 2006 auf 64 % gestiegen. Gehalte über den zulässigen Höchstmengen traten nicht auf. Von den 104 Stoffen des Untersuchungsspektrums wurden nur Rückstände von 18 Wirkstoffen gefunden, wobei die 90. Perzentile mit Ausnahme von Chlormequat (0,31 mg/kg) stets unterhalb von 0,01 mg/kg lagen. Der Anteil mit Mehrfachrückständen betrug 30 %, wobei in einer Probe maximal vier Stoffe gleichzeitig bestimmt wurden.

Elemente
Die Weizenkörner wurden auf die Elemente Arsen, Blei, Cadmium, Kupfer, Quecksilber, Selen, Thallium und Zink analysiert. Quecksilber war lediglich in drei Proben und Thallium nur in sechs Proben quantifizierbar. Arsen wurde in einem Fünftel, Blei in einem Viertel, Selen in der Hälfte sowie Cadmium, Kupfer und Zink in allen Proben gefunden. Die Gehalte sind im

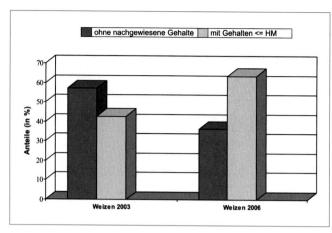

Abb. 5-5 Pflanzenschutzmittelrückstände in Weizenkörner im Jahresvergleich.

Vergleich zu den Ergebnissen aus früheren Untersuchungen in Tabelle 5-10 dargestellt. Die Konzentrationen waren vielfach mit denen aus dem Jahr 2003 vergleichbar und entsprechen bei Kupfer und Zink den bekannten Mineralstoffangaben. Bei Cadmium und insbesondere bei Blei zeigt sich eine deutliche Tendenz zur Verringerung der Gehalte dieser Schwermetalle über den Zeitraum 1997 bis 2006. Nur in einer Probe war der Höchstgehalt von 0,2 mg/kg für Cadmium geringfügig über-

schritten. Bei zusätzlichen Untersuchungen wurde Nickel in zwei Dritteln aller untersuchten Proben mit einem mittleren Gehalt von 0,16 mg/kg und im Maximum mit 0,45 mg/kg nachgewiesen.

Mykotoxine

Neben der Untersuchung auf DON, OTA und Zearalenon wurden Weizenkörner in einigen Proben zusätzlich auch auf die Fusarientoxine T-2 und HT-2 analysiert. Diese wurden relativ häufig nachgewiesen (T-2 69% bzw. HT-2 38%) und ihre Konzentrationen lagen im Mittel bei 2,3 µg/kg und 0,4 µg/kg. DON wurde in 39% der Proben gefunden, hingegen OTA nur in 4% und ZEA in 6% aller Proben. Damit war die Nachweishäufigkeit im Jahr 2006 bei diesen drei Mykotoxinen die geringste im Vergleich zu den früheren Monitoringuntersuchungen. Gleichzeitig sind die Gehalte stetig zurückgegangen, wie Abbildung 5-6 zeigt. Lediglich ein DON-Gehalt lag über dem zulässigen Höchstwert. Sicherlich werden zur Abnahme der Mykotoxin-Befunde günstige Witterungsbedingungen in den Erntejahren beigetragen haben, sodass der Pilzbefall geringer war. Die Verringerung der Mykotoxin-Kontamination wird aber auch das Ergebnis effektiver Pflanzenschutzmaßnahmen im Ackerbau sein.

Fazit

Das Ergebnis früherer Monitoringuntersuchungen wurde erneut bestätigt, wonach Weizen nur gering mit Pflanzenschutz-

Tab. 5-10 Elementgehalte in Weizen und Blattsalaten im Jahresvergleich (Werte in mg/kg Frischgewicht).

| Element | Elementgehalte in mg/kg (Untersuchungsjahr) | | | | | |
| | Weizenkörner | | Eichblattsalat (s. Kap. 5.10) | | Lollo rosso/bianco (s. Kap. 5.10) | |
	Mittelwert	90. Perzentil	Mittelwert	90. Perzentil	Mittelwert	90. Perzentil
Arsen	0,024 (2003) 0,021 (2006)	0,046 (2003) 0,050 (2006)	0,009 (2006)	0,010 (2006)	0,009 (2006)	0,015 (2006)
Blei	0,054 (1997) 0,053 (1998) 0,044 (1999) 0,034 (2003) 0,018 (2006)	0,079 (1997) 0,100 (1998) 0,089 (1999) 0,060 (2003) 0,034 (2006)	0,036 (1997) 0,017 (2006)	0,080 (1997) 0,043 (2006)	0,083 (1995) 0,041 (1997) 0,025 (2006)	0,190 (1995) 0,059 (1997) 0,064 (2006)
Cadmium	0,040 (1997) 0,037 (1998) 0,047 (1999) 0,041 (2003) 0,039 (2006)	0,068 (1997) 0,062 (1998) 0,069 (1999) 0,069 (2003) 0,055 (2006)	0,039 (1997) 0,033 (2006)	0,071 (1997) 0,045 (2006)	0,035 (1995) 0,031 (1997) 0,032 (2006)	0,075 (1995) 0,055 (1997) 0,053 (2006)
Kupfer	3,53 (2003) 3,70 (2006)	4,73 (2003) 4,87 (2006)	0,534 (2006)	0,910 (2006)	0,588 (2006)	0,952 (2006)
Quecksilber	0,003 (2006)	0,004*(2006)	0,004 (2006)	0,005 (2006)	nn (2006)	–
Selen	0,063 (2003) 0,063 (2006)	0,100 (2003) 0,200 (2006)	0,014 (2006)	0,035 (2006)	0,006 (2006)	0,010 (2006)
Thallium	0,005 (2006)	0,019 (2006)	0,001 (2006)	0,001 (2006)	nn (2006)	–
Zink	25,0 (2003) 26,7 (2006)	31,7 (2003) 33,9 (2006)	2,28 (2006)	3,28 (2006)	2,46 (2006)	4,33 (2006)

* = höchster Gehalt. Das 90. Perzentil wurde nicht berechnet, da nur in 2,9% der Proben quantifiziert. nn = nicht nachweisbar.

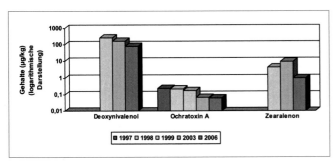

Abb. 5-6 Mittlere Mykotoxin-Gehalte in Weizenkörnern im Jahresvergleich.

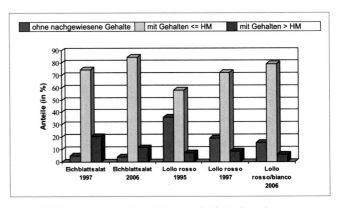

Abb. 5-7 Pflanzenschutzmittelrückstände in Blattsalaten im Jahresvergleich.

mittelrückständen und Schwermetallen kontaminiert war. Die Kontamination mit den Mykotoxinen DON, OTA und Zearalenon war gegenüber den Ergebnissen aus den Vorjahren am geringsten. Die neu ins Programm aufgenommenen Fusarientoxine sollten weiterhin beobachtet werden.

5.10
Blattgemüse

Eichblattsalat/Lollo rosso/Lollo bianco

Eichblattsalat und Lollo rosso/bianco sind als Blattsalate deshalb so beliebt, weil sie dekorativ und schmackhaft zugleich sind: dekorativ wegen der gekräuselten, hell- bis dunkelgrünen oder roten Blätter, die zudem beim Eichblattsalat an die Form des Eichenlaubs erinnern, und schmackhaft wegen des würzigen, leicht nussigen Aromas.

In mehr als 10 Jahre zurückliegenden Monitoringuntersuchungen wurden eine mittelgradige (Lollo rosso) bis hohe (Eichblattsalat) Kontamination mit PSM-Rückständen, niedrige Schwermetall-Gehalte und die für Blattsalate bekannt hohe Nitratbelastung festgestellt. Die erneute Untersuchung im Jahr 2006 sollte zeigen, ob sich die Kontaminationssituation verbessert hat. Dazu wurden 52 Proben Eichblattsalat, 45 Proben Lollo rosso und 27 Proben Lollo bianco auf die Rückstände der in der Vergangenheit nachgewiesenen sowie für den Salatanbau relevanten 115 Pflanzenschutzmittel-Wirkstoffe, auf sieben Elemente und Nitrat analysiert. Mehr als drei Viertel der Eichblattsalat-Proben stammten aus Deutschland und vier Proben aus Frankreich. Bei Lollo rosso/bianco waren fast zwei Drittel aus inländischer Produktion und weitere 15% aus Frankreich, 7% aus Italien und 6% aus den Niederlanden. Die übrigen Proben stammten aus verschiedenen Herkünften. Wegen ihrer engen Verwandtschaft werden die Ergebnisse zu Lollo rosso und Lollo bianco nachfolgend gemeinsam beurteilt.

Pflanzenschutzmittel
Von den 115 Stoffen wurden in Eichblattsalat und Lollo rosso/bianco die Rückstände von 35 bzw. 38 Wirkstoffen gefunden, davon häufig:

in Eichblattsalat:
Bromid (94%),
Iprodion (33%),
Azoxystrobin (26%),
Dithiocarbamate (26%),
Cypermethrin (18%),
Boscalid (16%),
Metalaxyl (16%),
Propyzamid (15%),
lambda-Cyhalothrin (14%),
Pendimethalin (14%),
Cyprodinil (12%),
Omethoat (12%).

in Lollo rosso/bianco:
Bromid (77%),
Azoxystrobin (29%),
Iprodion (25%),
Dithiocarbamate (17%),
lambda-Cyhalothrin (14%),
Cyprodinil (13%),
Propyzamid (11%).

Im Vergleich zu den früheren Untersuchungen sind die Anteile der Proben mit positiven Befunden im Jahr 2006 höher, allerdings sind die Anteile mit Höchstmengenüberschreitungen zurückgegangen (Abb. 5-7). Der Anteil lag bei Eichblattsalat bei 11,5% und bei Lollo rosso/bianco bei 5,6%. Dabei waren die Höchstmengen folgender Stoffe überschritten:

in Eichblattsalat:
Metalaxyl (2x),
Methomyl (2x),
Captan (1x),
Dimethoat (1x),
Oxydemeton-methyl (1x)

in Lollo rosso/bianco:
Oxydemeton-methyl (2x),
Cyprodinil (1x),
Methomyl (1x),
Oxadixyl (1x)
Propamocarb (1x),

Die Höhe der Gehalte von Oxydemeton-methyl in der einen Probe Eichblattsalat und in zwei dieser Proben Lollo rosso/bianco hatten zudem die akute Referenzdosis (ARfD) zu mehr als 100% ausgeschöpft. Insgesamt lagen jedoch die 90. Perzentile der Rückstandskonzentrationen meist unter 0,03 mg/kg. Die Ausnahmen bildeten Iprodion und Dithiocarbamate mit 90. Perzentilen zwischen 0,1 mg/kg und 0,3 mg/kg. Mehrfachrückstände wurden in 73% des Eichblattsalats und 63% des Lollo rosso/bianco gefunden, im Maximum je 11 Stoffe in drei Proben Eichblattsalat.

Elemente
In den Blattsalaten wurden die Gehalte der Elemente Arsen, Blei, Cadmium, Kupfer, Selen, Thallium und Zink bestimmt. Die Ergebnisse sind im Vergleich zu früheren Untersuchungen in

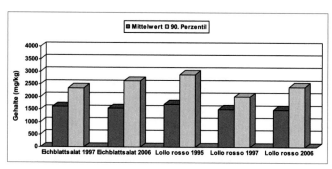

Abb. 5-8 Nitratgehalte von Eichblattsalat und Lollo rosso/bianco im Jahresvergleich.

Tabelle 5-10 aufgeführt. Cadmium, Kupfer und Zink waren in allen bzw. fast allen Proben nachzuweisen, Arsen in ca. 40 % der Proben sowie Blei in drei Vierteln der Proben vom Eichblattsalat und 61 % des Lollo rosso/bianco. Selen und Thallium waren in nahezu einem Drittel des Eichblattsalats quantifizierbar, im Lollo rosso/bianco hingegen selten bzw. nicht nachweisbar. Die Element-Gehalte waren insgesamt gering. Die Cadmium- und vor allem die Blei-Konzentrationen haben sich gegenüber den Ergebnissen aus dem Monitoring 1995 und 1997 verringert. Zusätzliche Untersuchungen auf Nickel und Quecksilber zeigten, dass Quecksilber nur in 10 % der darauf untersuchten Proben vom Eichblattsalat bestimmbar war. Nickel wurde auch nur im Eichblattsalat nachgewiesen, dabei jedoch in allen darauf analysierten Proben und mit einem mittleren Gehalt von 0,07 mg/kg und im Maximum mit 0,13 mg/kg. Der Höchstgehalt von 0,01 mg/kg für Quecksilber war in einer Probe Eichblattsalat geringfügig überschritten.

Nitrat

Wie alle Blattsalate besitzen Eichblattsalat und Lollo rosso/bianco relativ hohe Nitratgehalte. Das wurde bereits im Monitoring 1995 und 1997 deutlich und im Jahr 2006 wieder bestätigt. Insgesamt lagen die Konzentrationen in vier Proben (7,8 %) Eichblattsalat und sechs Proben (8,3 %) Lollo rosso/bianco über dem Höchstgehalt. Betroffen waren ausschließlich Freilandproben aus dem Sommerhalbjahr, für die ein Höchstgehalt von 2500 mg/kg gilt. Bis auf eine Probe Eichblattsalat aus Belgien und eine Probe Lollo rosso/bianco aus den Niederlanden stammten alle betroffenen Proben aus Deutschland.

Die mittleren Gehalte sind gegenüber den früheren Untersuchungen zwar insgesamt leicht gesunken, wie Abbildung 5-8 zeigt. Die im Freiland im Sommerhalbjahr geernteten Salate wiesen aber wieder erhöhte Nitratgehalte auf (zur Klassifizierung s. Kapitel Erläuterungen zu den Fachbegriffen), während die Kontamination der im Zeitraum 1. Oktober bis 31. März (Winterhalbjahr, s. Verordnung (EG) 466/2001) produzierten Salate mittelgradig und somit etwas geringer war.

Fazit

Eichblattsalat und Lollo rosso/bianco waren gering mit Schwermetallen kontaminiert. Aufgrund der nach wie vor mittelgradig bis erhöhten Kontamination mit Nitrat und Rückständen von Pflanzenschutzmitteln ist die Situation bei diesen Blattsalaten jedoch noch immer unbefriedigend. Einige Pflanzen-

schutzmittelrückstände lagen zudem auf einem Niveau, bei dem die ARfD zu mehr als 100 % ausgeschöpft war. Es sind geeignete Maßnahmen zur Verringerung der Rückstandsgehalte auffälliger Pflanzenschutzmittelwirkstoffe, wie z. B. Oxydemeton-methyl, und der Nitratgehalte[7] einzuleiten.

5.11
Sprossgemüse

Blumenkohl

Blumenkohl gehört in ganz Europa zu den beliebtesten Kohlsorten. Er kann roh oder gekocht gegessen werden, hat einen charakteristischen, milden Geschmack, ist leicht verdaulich und reich an Vitamin C und Mineralstoffen. Im Monitoring war Blumenkohl bereits in den Jahren 1999 und 2003 Gegenstand intensiver Untersuchungen, wobei eine geringe Kontamination mit Pflanzenschutzmittelrückständen, Schwermetallen und Nitrat festgestellt wurde. Im Rahmen der Empfehlung zum KÜP im Jahr 2006 wurde Blumenkohl erneut auf Veränderungen der Kontaminationssituation bei Pflanzenschutzmittelrückständen geprüft. Wie schon im Jahr 2003 stammte das Gros der 102 Proben aus inländischer Produktion (55 % der Proben), daneben u. a. aus Frankreich (30 %) und Italien (7 %).

Pflanzenschutzmittel

Die Proben wurden auf 76 der für den Blumenkohl-Anbau potenziell relevanten Pflanzenschutzmittel-Wirkstoffe analysiert, wobei nur Rückstände von neun Wirkstoffen gefunden wurden. Der Wachstumsregulator Chlormequat, der im Jahr 2003 häufig quantifiziert wurde, wurde im Jahr 2006 nicht mehr nachgewiesen.

Die indirekte Analyse von Dithiocarbamaten und Thiuramdisulfiden (DTC) über Schwefelkohlenstoff brachte in 49 % der Fälle ein positives Ergebnis. Allerdings sind geringe Blindwerte nicht immer auszuschließen, denn Blumenkohl enthält selbst schwefelhaltige Verbindungen, aus denen unter ungünstigen Bedingungen geringe Mengen Schwefelkohlenstoff gebildet werden können. Damit diese die Ergebnisse nicht beeinflussen, wurde die mindesteinzuhaltende Bestimmungsgrenze auf 0,1 mg/kg, einem Zehntel der zulässigen Höchstmenge von 1 mg/kg festgelegt. Insgesamt 24 Proben wiesen quantifizierbare Gehalte auf, davon neun über der Höchstmenge (insgesamt 9 %). Der Anteil mit Mehrfachrückständen (einschließlich DTC) betrug 10,7 %, wobei in einer Probe maximal fünf Stoffe gleichzeitig bestimmt wurden. Die Rückstandskonzentrationen waren insgesamt gering. Mit Ausnahme von DTC lagen 90 % der Gehalte anderer Stoffe unter 0,03 mg/kg. Bei DTC lag der niedrigste Gehalt bei 0,13 mg/kg, der höchste bei 3,49 mg/kg.

Fazit

Blumenkohl war allgemein nur gering mit Pflanzenschutzmittelrückständen kontaminiert. Die Befunde der DTC bedürfen allerdings einer weiteren Beobachtung.

---

[7] Stellungnahme Nr. 004/2005 des BfR vom 8. Dezember 2004, (http://www.bfr.bund.de/cm/208/nitrat_in_rucola.pdf)

5.12
Fruchtgemüse

Gemüsepaprika

Es gibt heutzutage kaum eine Küche, in der Paprika nicht in irgendeiner Form eingesetzt wird. Neben der Verwendung des scharfen Paprikas als Gewürz erfreut sich auch der milde Gemüsepaprika großer Beliebtheit, da man ihn sowohl roh an Salaten als auch gefüllt, sauer eingelegt, gedünstet oder gebraten und somit sehr vielseitig verwenden kann.

In den letzten Jahren ist jedoch der Gemüsepaprika oft in die Schlagzeilen gekommen wegen auffällig hoher Kontaminationen mit Pflanzenschutzmittelrückständen. Auch im Monitoring 2003 und 2004 (Projekt 02) wurden viele Rückstände in den Proben gefunden, oft auch über den Höchstmengen. Die Untersuchung im Monitoring 2006 diente deshalb der erneuten Überprüfung der Rückstandssituation und folgte gleichzeitig der Empfehlung des KÜP.

Es wurden insgesamt 113 Proben analysiert. 58 Proben (51%) stammten aus den Niederlanden, 24 Proben (21%) aus Spanien und 11 Proben (10%) aus Ungarn. Die restlichen 20 Proben waren aus verschiedenen Herkünften, u. a. aus Griechenland, Marokko und der Türkei.

Pflanzenschutzmittel

Im Untersuchungsspektrum wurden insbesondere die Rückstände der immer wieder auffälligen und der gegenwärtig in der Paprika-Produktion vorrangig eingesetzten 100 Pflanzenschutzmittel-Wirkstoffe berücksichtigt. Davon wurden Rückstände von 51 Wirkstoffen gefunden. Häufig wurden Fenbutatinoxid (in 28% der Proben), Imidacloprid (in 20% der Proben), Rückstände von Dithiocarbamaten (in 11% der Proben) sowie Bromid in 76% aller Proben nachgewiesen. Die anderen, im Projekt-Monitoring 2004 häufig gefundenen Wirkstoffe wurden nicht oder nur relativ selten quantifiziert und auch frühere Problemstoffe, wie z.B. Chlormequat, Dimethoat und Methamidophos, waren nicht mehr nachweisbar.

Mehrfachrückstände wurden in 27% der Proben gefunden, somit wesentlich weniger als in den Jahren 2003 und 2004. Die höchste Anzahl war sieben Stoffe in zwei Proben und zehn Stoffe in einer Probe.

Der Anteil von Proben ohne messbare Gehalte lag in der gleichen Größenordnung wie in den Jahren 1999 und 2003 (Abb. 5-9). Bei der Untersuchung im Jahr 2004, wo 38% der Proben aus Spanien, 16% aus der Türkei, 15% aus den Niederlanden, 10% aus Ungarn und 9% aus Israel stammten (restliche Proben aus verschiedenen Staaten), waren hingegen wesentlich weniger Früchte ohne messbare Rückstände und ein sehr hoher Anteil von 37% mit Gehalten über den zulässigen Höchstwerten. Im Monitoring 2006 war dieser Anteil mit 8,8% wieder ähnlich den Ergebnissen des Monitorings 2003. Dabei ist zu berücksichtigen, dass mehr als die Hälfte der Proben aus den Niederlanden war, bei denen – wie schon im Jahr 2003 – keine Werte über den Höchstmengen gefunden wurden.

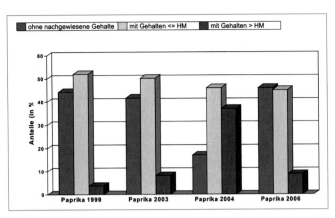

Abb. 5-9 Pflanzenschutzmittelrückstände in Gemüsepaprika im Jahresvergleich.

Bis auf Bromid mit 1 mg/kg und Imidacloprid mit 0,08 mg/kg lagen die 90. Perzentile der Rückstandskonzentrationen der anderen Stoffe unter 0,05 mg/kg. Allerdings waren in zehn Proben die Höchstmengen für folgende Stoffe überschritten:

- Acetamiprid (4x),
- Mercaptodimethur/Methiocarb (4x),
- Brompropylat (1x),
- Clothianidin (1x),
- Diethofencarb (1x),
- Lufenuron (1x),
- Methomyl (1x),
- Hexythiazox (1x).

Davon betroffen waren je vier Proben aus Spanien und der Türkei und je eine Probe aus Griechenland und Marokko. Die Höhe einer der Mercaptodimethur-Konzentrationen hatte außerdem die akute Referenzdosis (ARfD) zu mehr als 100% ausgeschöpft.

Im Rahmen der Rückstandsuntersuchungen wurde zusätzlich das in der EU nicht zugelassene Insektizid Isofenphos-methyl in spanischem Paprika über der zulässigen Höchstmenge von 0,01 mg/kg nachgewiesen.

Die anderen, im Projektmonitoring 2004 mit vielen Höchstmengenüberschreitungen auffälligen Wirkstoffe waren im Jahr 2006 nicht bzw. nur vereinzelt in geringer Konzentration nachzuweisen oder wiesen im Falle von Pyriproxyfen, Spinosad und Thiamethoxam Gehalte unter den zwischenzeitlich eingeführten Höchstmengen (Allgemeinverfügungen nach § 54 LFGB) auf.

Fazit

Die Kontamination von Gemüsepaprika mit Pflanzenschutzmittelrückständen war im Jahr 2006 mittelgradig. Die Rückstandssituation sollte weiterhin kontiniuerlich beobachtet werden. Das gilt insbesondere für Paprika aus Herkunftsstaaten, wo nach wie vor Höchstmengenüberschreitungen auffallen. Hauptaugenmerk ist zudem auf Wirkstoffe zu richten, deren Rückstandsgehalte die ARfD zu mehr als 100% ausschöpfen, wie Mercaptodimethur im Jahr 2006.

Tab. 5-11 Elementgehalte in Melonen und Erbsen im Jahresvergleich (Werte in mg/kg Frischgewicht).

Element	Elementgehalte in mg/kg (Untersuchungsjahr)			
	Honig-, Netz- und Kantalupmelonen		Erbsen, tiefgefroren (s. Kap. 5.13)	
	Mittelwert	90. Perzentil	Mittelwert	90. Perzentil
Arsen	0,011 (1999) 0,009 (2006)	0,024 (1999) 0,015 (2006)	0,003* (2000) 0,014 (2003) 0,018 (2006)	0,006 (2000) 0,021 (2003) 0,010 (2006)
Blei	0,014 (1999) 0,007 (2006)	0,030 (1999) 0,010 (2006)	0,028 (2000) 0,019 (2003) 0,010 (2006)	0,040 (2000) 0,046 (2003) 0,013 (2006)
Cadmium	0,004 (1999) 0,006 (2006)	0,008 (1999) 0,010 (2006)	0,008 (2000) 0,004 (2003) 0,003 (2006)	0,008 (2000) 0,007 (2003) 0,007 (2006)
Kupfer	0,360 (1999) 0,282 (2006)	0,570 (1999) 0,498 (2006)	1,49 (2000) 1,51 (2003) 1,66 (2006)	1,96 (2000) 2,03 (2003) 2,36 (2006)
Selen	0,010 (1999) 0,013 (2006)	0,012 (1999) 0,040 (2006)	0,011 (2000) 0,024 (2003) 0,021 (2006)	0,029 (2000) 0,050 (2003) 0,040 (2006)
Zink	1,10 (1999) 0,965 (2006)	1,70 (1999) 1,65 (2006)	10,6 (2000) 9,62 (2003) 9,33 (2006)	13,8 (2000) 12,4 (2003) 12,1 (2006)

* = Median. Der Mittelwert wurde nicht berechnet, da nur in 4,5 % der Proben quantifiziert.

Honigmelone/Netzmelone/Kantalupmelone

Honig-, Netz- und Kantalupmelone sind botanisch in die Gattung der Gurken, somit als Fruchtgemüse eingeordnet. Als Unterarten der Zuckermelone sind sie nur entfernt verwandt mit den Wassermelonen. Ihre Beliebtheit verdanken sie vor allem dem sehr saftigen und süßen Fruchtfleisch. Sie sind kalorienarm, reich an Kalium und den Vitaminen A und C und werden vor allem als Zwischensnack oder Dessert gegessen oder mit pikanten Zutaten gemischt und als Vorspeise verzehrt. Mittlerweile sind sie über Importe ganzjährig im Angebot – Hauptsaison bleibt jedoch der Sommer.

Honigmelonen waren bereits im Monitoring 1999 untersucht worden, wobei eine erfreulich geringe Kontamination mit Pflanzenschutzmittelrückständen und Schwermetallen festzustellen war. Die erneute Untersuchung im Jahr 2006 sollte zeigen, ob sich die Kontaminationssituation verändert hat. Dazu wurden 100 Proben dieser Melonensorten wieder entsprechend den Vorgaben der Rückstands-Höchstmengenverordnung mit der ungenießbaren Schale auf 57 für Melonen potenziell relevante Pflanzenschutzmittelrückstände und sechs Elemente untersucht. Mehr als die Hälfte (54 %) der Proben stammte aus Spanien, 13 Proben aus Brasilien und neun Proben aus Italien. Die übrigen Proben waren aus verschiedenen Herkünften.

Pflanzenschutzmittel

Die Rückstandssituation stellt sich gegenüber 1999 insgesamt nur wenig verändert dar: Der Anteil ohne messbare Rückstände lag bei 35 % (1999: 39 %). In 63 % der Proben wurden Rück-

stände unterhalb der Höchstmengen gefunden, somit etwas mehr als im Jahr 1999 (58 %). Die Quote mit Rückständen über den Höchstmengen war mit 2 % etwas geringer (1999: 2,9 %). Betroffen waren davon Bupirimat und Methamidophos in jeweils einer Probe.

Von den 57 Stoffen wurden die Rückstände von 37 Wirkstoffen gefunden, davon häufig

- Endosulfan (24 %),
- Dithiocarbamate (20 %),
- Carbendazim (16 %),
- Imazalil (12 %),
- Azoxystrobin (11 %),
- Imidacloprid (11 %).

Der Anteil mit Mehrfachrückständen betrug 40 %, wobei in einer Probe maximal acht Stoffe gleichzeitig bestimmt wurden. Die Rückstandskonzentrationen waren insgesamt gering. Mit Ausnahme von Endosulfan lagen 90 % der Gehalte unter 0,04 mg/kg. Das 90. Perzentil von Endosulfan betrug 0,09 mg/kg.

Elemente

Die Honig-, Netz- und Kantalupmelonen wurden auf die Elemente Arsen, Blei, Cadmium, Kupfer, Selen und Zink analysiert. Blei und Selen waren lediglich in elf bzw. zehn Proben quantifizierbar, Arsen in fast der Hälfte und Cadmium sowie Zink in ca. drei Vierteln der Proben. Kupfer wurde in 89 % der Proben gefunden. Die Gehalte sind im Vergleich zu den Ergebnissen aus früheren Untersuchungen in Tabelle 5-11 dargestellt. Die Konzentrationen lagen in den gleichen Größenordnungen wie im Jahr 1999 und stets unterhalb der Höchstgehalte. Bei Arsen, Blei und Kupfer waren die Gehalte etwas geringer als bei den früheren Untersuchungen. Bei zusätzlichen Untersuchungen wurden Nickel in 11% und Thallium in 20% aller darauf untersuchten Proben mit mittleren Gehalten von 0,04 bzw. 0,001 mg/kg und Maximalgehalten von 0,16 bzw. 0,01 mg/kg gefunden. Quecksilber wurde nicht nachgewiesen.

Fazit
Honig-, Netz- und Kantalupmelone waren nach wie vor gering mit Schwermetallen und Pflanzenschutzmittelrückständen kontaminiert. Da sich die Pflanzenschutzmittelrückstände häufig in der ungenießbaren Schale befinden, diese aber mit analysiert wird, ist die Exposition über den Verzehr des Fruchtfleisches sehr gering.

Aubergine

Die Aubergine oder Eierfrucht – in Österreich auch Melanzani genannt – ist eine subtropische Pflanzenart aus der Familie der Nachtschattengewächse (Solanaceae). Sie wird insbesondere in der mediterranen, orientalischen und türkischen Küche verwendet und gedünstet, gebraten oder gekocht als Gemüse gegessen. In Griechenland bereitet man z. B. aus Auberginen das bekannte Moussaka; im Orient wird sie häufig als Paste oder Püree als Vorspeise gereicht und am westlichen Mittelmeer ist sie Bestandteil des Ratatouille. Durch die zunehmende Beliebtheit der leichten, mediterranen Küche in Deutschland werden Auberginen auch hierzulande häufig verzehrt.

Auf der Grundlage der Empfehlungen zum koordinierten Überwachungsprogramm der EU waren Auberginen bereits im Monitoring 2003 Gegenstand von Untersuchungen auf Pflanzenschutzmittelrückstände. Für diese als auch für Schwermetalle und Nitrat war die Kontamination erfreulich gering. Im Rahmen der Empfehlung zum KÜP im Jahr 2006 wurden die Auberginen erneut in das Untersuchungsprogramm aufgenommen und auf Pflanzenschutzmittelrückstände geprüft. Die 100 Proben waren hauptsächlich aus den Niederlanden (51%) und aus Spanien (33%). Die restlichen Proben hatten verschiedene Herkünfte.

Pflanzenschutzmittel
Die Proben wurden auf 76 der für Auberginen potenziell relevanten Wirkstoffe von Pflanzenschutzmitteln analysiert, wobei Rückstände von 30 Wirkstoffen gefunden wurden und dabei häufig Chlormequat, Imidacloprid, Mepiquat und Procymidon.

Im Vergleich zum Monitoring 2003 war die Anzahl positiver Befunde im Jahr 2006 wesentlich höher, was auch auf die Verbesserungen der Analytik zurückzuführen ist. Während der Anteil ohne messbare Rückstände von 89% auf 34% gesunken ist, hat sich der Anteil mit Rückständen unterhalb der Höchstmengen von 10% auf 62% erhöht. Auch die Anzahl von Proben mit Gehalten über zulässigen Höchstwerten ist von 1% auf 4% angestiegen. Betroffen waren davon Imidacloprid in zwei Proben (Niederlande, Spanien) sowie Chlormequat (Spanien) und Propamocarb (Niederlande) in jeweils einer Probe. Mehrfach-

rückstände wurden in 37% der Proben gefunden, somit auch wesentlich mehr als im Jahr 1999. Die höchste Anzahl waren sieben Stoffe in drei Proben. Die Rückstandsgehalte waren allerdings sehr gering. Bis auf Imidacloprid mit einem 90. Perzentil von 0,15 mg/kg lagen 90% der Befunde bei den anderen Stoffen unterhalb 0,01 mg/kg.

Fazit
Die Kontamination von Auberginen mit Pflanzenschutzmittelrückständen war nach wie vor gering, denn die meisten Rückstände lagen unter 0,01 mg/kg.

5.13
Gemüseerzeugnisse

Erbse, tiefgefroren

Die Erbse ist die älteste Nutzpflanze unter den Hülsenfrüchten und wird schon seit Jahrtausenden angebaut. Früher war sie ein wichtiger Protein-Lieferant für die menschliche Ernährung. Heute werden Erbsen hauptsächlich als Gemüsebeilage verwendet, weniger als Hauptnahrungsmittel. Da Erbsen nicht besonders lange haltbar sind und rasch an Geschmack verlieren, werden sie selten frisch, sondern meist in Form von Konserven und tiefgekühlt angeboten. Das Entpalen und Blanchieren vor dem Einfrieren wird außerdem zur Verringerung der Kontamination mit unerwünschten Stoffen beitragen.

Aufgrund ihrer Bedeutung für die menschliche Ernährung in ganz Europa werden Erbsen regelmäßig im Rahmen des KÜP auf Pflanzenschutzmittelrückstände geprüft. Bei den Untersuchungen in den Jahren 2000 und 2003 waren tiefgefrorene Erbsen stets gering mit Pflanzenschutzmittelrückständen, Schwermetallen und Nitrat kontaminiert. Mit der erneuten Untersuchung im Jahr 2006 bot sich die Möglichkeit zu Trendaussagen über die Kontaminationssituation. Dazu wurden 102 Proben tiefgefrorene Erbsen erneut auf Rückstände von Pflanzenschutzmitteln und auf die Gehalte von sechs Elementen analysiert. Ein Drittel der Erbsen stammte aus Deutschland und weitere 17% aus Belgien. Die übrigen Proben waren aus verschiedenen Herkünften.

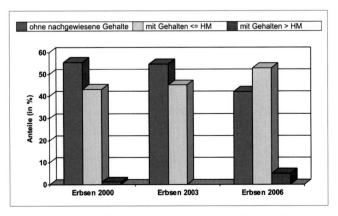

Abb. 5-10 Pflanzenschutzmittelrückstände in tiefgefrorenen Erbsen im Jahresvergleich.

Tab. 5-12 Elementgehalte in Tomatensaft und Tafelweintrauben im Jahresvergleich (Werte in mg/kg Frischgewicht).

Element	Elementgehalte in mg/kg (Untersuchungsjahr)			
	Tomatensaft		Tafelweintrauben (s. Kap. 5.14)	
	Mittelwert	**90. Perzentil**	**Mittelwert**	**90. Perzentil**
Arsen	0,029* (2000) nb (2006)	0,060* (2000) –	0,011 (2006)	0,010 (2006)
Blei	0,057* (2000) 0,009 (2006)	0,118* (2000) 0,011 (2006)	0,013 (2006)	0,016 (2006)
Cadmium	0,054* (2000) 0,011 (2006)	0,095* (2000) 0,015 (2006)	0,002 (2006)	0,002 (2006)
Kupfer	4,89* (2000) 0,724 (2006)	7,39* (2000) 0,899 (2006)	1,60 (1997) 1,60 (2001) 1,45 (2006)	3,30 (1997) 2,82 (2001) 2,85 (2006)
Quecksilber	na (2006)	–	0,003 (2006)	0,005 (2006)
Selen	0,030* (2000) 0,007 (2006)	0,078* (2000) 0,010 (2006)	nb (2006)	–
Thallium	0,001 (2006)	0,002 (2006)	0,002 (2006)	0,004 (2006)
Zink	6,20* (2000) 1,16 (2006)	15,0* (2000) 1,51 (2006)	0,517 (2006)	0,692 (2006)

na = nicht analysiert; nb = nicht bestimmbar; * = Ergebnisse von Tomatenmark aus dem Jahr 2000.

Pflanzenschutzmittel

Das Untersuchungsspektrum war gezielt auf die Rückstände der gegenwärtig im Erbsenanbau vorrangig eingesetzten 60 Pflanzenschutzmittel-Wirkstoffe ausgerichtet. Es wurden Rückstände von 21 Wirkstoffen gefunden, davon häufig nur Procymidon (in 20% der Proben) und wie schon in den Jahren 2000 und 2003 wieder Vinclozolin in 41% aller Proben.

Mehrfachrückstände wiesen 22% der Proben auf, wobei im Maximum in drei Proben je sechs Stoffe gleichzeitig bestimmt wurden.

Sicherlich auch infolge der besseren Anpassung des Untersuchungsspektrums an die landwirtschaftliche Praxis wurden im Jahr 2006 mehr Proben mit messbaren Rückständen gefunden (Abb. 5-10). Fünf Proben (4,9%) enthielten zudem Rückstände über den Höchstmengen, hervorgerufen durch:

- Carbendazim (1x),
- Dithiocarbamate (2x),
- Fludioxonil (1x),
- Procymidon (1x),
- Vinclozolin (1x).

Bis auf Bromid mit 0,66 mg/kg und Vinclozolin mit 0,09 mg/kg lagen die 90. Perzentile der anderen Stoffe unter 0,01 mg/kg.

Elemente

In den Erbsen wurden die Gehalte der Elemente Arsen, Blei, Cadmium, Kupfer, Selen und Zink bestimmt. Die Ergebnisse sind im Vergleich zu den früheren Untersuchungen in Tabelle 5-11 aufgeführt. Kupfer und Zink waren in allen Proben nachzuweisen, Cadmium in 57% der Proben, Blei in etwas mehr als einem Viertel sowie Arsen und Selen in etwa einem Fünftel

aller Proben. Die Gehalte waren insgesamt gering und bestätigten die Ergebnisse aus den Jahren 2000 und 2003. Die Cadmium-, Zink- und vor allem die Blei-Konzentrationen haben sich gegenüber den früheren Ergebnissen etwas verringert. Auch Nickel wurde bei zusätzlichen Analysen in allen darauf untersuchten Proben gefunden, im Mittel mit 0,32 mg/kg und im Maximum mit 1,13 mg/kg. Thallium wurde nur in einem Fünftel der Proben in sehr geringer Konzentration (maximal 0,005 mg/kg) quantifiziert, während Quecksilber in keiner Probe nachzuweisen war.

Fazit

Tiefgefrorene Erbsen waren nach wie vor nur gering mit Pflanzenschutzmittelrückständen und Schwermetallen kontaminiert.

Tomatensaft

Tomatensaft wird aus geschälten Tomaten hergestellt, die zuvor mit kochendem Wasser überbrüht wurden. Die Tomaten stammen in Europa meist aus Italien oder Spanien. Tomatensaft ist sehr nahrhaft, reich am antioxidativ wirkenden Pflanzenfarbstoff Lycopin und an den Vitaminen A und C sowie leicht sättigend. Deshalb wird er auch gerne während einer Diät getrunken.

Ob dieser Genuss durch unerwünschte Stoffe getrübt wird, sollten die Monitoringuntersuchungen im Jahr 2006 zeigen. Tomatensaft war bisher noch nicht im Untersuchungsprogramm, jedoch Tomatenmark im Monitoring 2000. Dieses war praktisch frei von Pflanzenschutzmittelrückständen und nur gering mit Schwermetallen und Nitrat kontaminiert. Gelegentlich wurde jedoch das Schimmelpilzgift OTA gefunden. Der Tomatensaft wurde deshalb auf die Mykotoxine OTA und Patulin sowie auf sechs Elemente untersucht. Etwa drei Viertel der 90 Proben stammten aus deutscher Produktion.

Mykotoxine

Die beiden Mykotoxine wurden nur vereinzelt gefunden: OTA lediglich in 3,1 % und Patulin in 2,2 % der darauf untersuchten Proben. Die Maximalgehalte betrugen 0,15 µg OTA/kg und 6,5 µg Patulin/kg Saft. Die OTA-Gehalte sind somit im Tomatensaft erwartungsgemäß geringer als im konzentrierten Tomatenmark, bei dem 90 % der Gehalte im Jahr 2000 unter 0,3 µg/kg lagen und im Maximum aber 29 µg/kg gefunden wurden. Die Patulin-Gehalte lagen weit unter dem für andere Säfte geltenden Höchstgehalt von 50 µg/kg.

Elemente

Der Tomatensaft wurde auf die Elemente Arsen, Blei, Cadmium, Kupfer, Selen und Zink analysiert. Arsen war in keiner Probe und Selen nur in 8,9 % der Proben quantifizierbar. Blei wurde in ca. einem Viertel der Proben und Cadmium (87 %), Kupfer (76 %) sowie Zink (91 %) in den meisten Proben gefunden. Die Elementgehalte sind im Vergleich zu den Ergebnissen für Tomatenmark aus dem Jahr 2000 in Tabelle 5-12 zusammen gestellt. Die um den Faktor von ca. 5–10 höheren Gehalte im Tomatenmark sind auf den höheren Fruchtfleischanteil in diesem Konzentrat aus eingedicktem Tomatenfleisch zurückzuführen. Bei zusätzlichen Untersuchungen wurden Nickel in 52 % und Thallium in 30 % aller darauf untersuchten Proben mit mittleren Gehalten von 0,06 bzw. 0,0009 mg/kg und Maximalgehalten von 0,12 bzw. 0,002 mg/kg gefunden.

Fazit

Tomatensaft war mit Schwermetallen und mit den Mykotoxinen OTA und Patulin nur gering kontaminiert.

5.14
Beerenobst

Tafelweintrauben

Die Früchte der Weinrebe gehören zu den ältesten Kulturpflanzen der Menschen. Mittlerweile gibt es ca. 16 000 Rebsorten mit gelben, grünen und roten bis rotblauen Weinbeeren. Neben wichtigen Mineralien sind sie reich an den B-Vitaminen, geringer ist aber der Gehalt an Vitamin C.

Im Intensivanbau als Monokultur sind neben zahlreichen tierischen Schaderregern insbesondere Pilzkrankheiten zu bekämpfen, sodass die Anwendung von Pflanzenschutzmitteln im konventionellen Weinbau eine wichtige Rolle spielt. In der Vergangenheit standen Tafeltrauben wegen auffällig hoher Rückstände von Pflanzenschutzmitteln und zahlreicher Überschreitungen von Höchstmengen und sogar von akuten Referenzdosen oft im Mittelpunkt der Kritik, sodass sie nach wie vor einen Schwerpunkt in der Überwachung und im Monitoring bilden. Nach den Untersuchungen im Warenkorb-Monitoring 1995, 1997 und 2001 wurde die Rückstandssituation von Tafel-

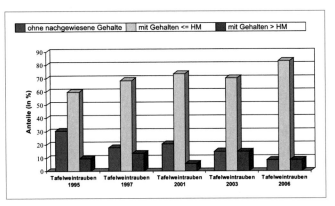

Abb. 5-11 Pflanzenschutzmittelrückstände in Tafelweintrauben im Jahresvergleich.

trauben im Projekt-Monitoring 2003 (Projekte PSM1 und PSM2) letztmalig intensiv analysiert. Dabei stammten die auffälligen Proben vor allem aus Staaten des Mittelmeerraumes.

Tafeltrauben sind schon immer Gegenstand des KÜP der EU. Auch aus diesem Grund wurden sie im Jahr 2006 erneut beprobt und auf Pflanzenschutzmittelrückstände sowie auf acht Elemente untersucht. Fast ein Drittel der 129 Proben war aus Italien (32 %). Weitere 13 % der Proben kamen aus Griechenland, 12 % aus Chile und je 11 % aus Südafrika bzw. aus der Türkei. Die restlichen Proben stammten aus verschiedenen Herkünften.

Pflanzenschutzmittel

Das Untersuchungsspektrum umfasste die Rückstände von sowohl in den letzten Jahren häufig auffälligen als auch gegenwärtig im Weinbau vorrangig eingesetzten 116 Pflanzenschutzmittel-Wirkstoffen. Nachgewiesen wurden Rückstände von 95 Wirkstoffen, davon häufig (in mehr als 10 % der Proben) von:

Cyprodinil (46 %),	Carbendazim (13 %),
Dithiocarbamate (32 %),	Methoxyfenozide (13 %),
Fenhexamid (32 %),	Fenbutatin-oxid (12 %),
Procymidon (29 %),	Penconazol (12 %),
Fludioxonil (24 %),	Trifloxystrobin (11 %),
Pyrimethanil (23 %),	Cyhalothrin (10 %),
Azoxystrobin (20 %),	Dithianon (10 %),
Chlorpyrifos (20 %),	Metalaxyl,
Quinoxyfen (17 %),	einschl. Metalaxyl M (10 %),
Iprodion (16 %),	Triadimenol (10 %).
Myclobutanil (16 %),	

Die im Projekt-Monitoring 2003 häufig nachgewiesenen Wirkstoffe Acrinathrin, Chlorpyrifos-methyl, Dimethomorph, Fenarimol, Fenitrothion und lambda-Cyhalothrin wurden seltener, Brompropylat, Dichlorvos sowie Profenofos in keiner Probe gefunden. Wie Abbildung 5-11 verdeutlicht, war der Anteil von Proben ohne messbare Gehalte mit 8,5 % wesentlich geringer und der mit Rückständen unterhalb der Höchstmengen entsprechend höher als bei den früheren Untersuchungen. Der Anteil an Höchstmengenüberschreitungen bewegte sich im Rahmen früherer Jahre.

Mehrfachrückstände wurden in 84 % der Proben gefunden, somit wesentlich öfter als im Jahr 2003 (70 %). Am häufigsten wurden zwei und drei Rückstände in jeweils 16 Proben gefunden, gefolgt von sieben Stoffen in 15 Proben und fünf Stoffen in 13 Proben. Die höchste Anzahl waren 20 Rückstände in einer Probe aus der Türkei. Alle sieben spanischen Proben enthielten Mehrfachrückstände und sehr häufig auch die Proben aus Chile (94 %), aus der Türkei (93 %) und aus Italien (90 %). Mit maximal drei Stoffen in einer Probe wiesen Tafeltrauben aus Argentinien und Brasilien die wenigsten Mehrfachrückstände auf.

Die 90 Perzentile der Rückstandskonzentrationen lagen für die meisten Stoffe unter 0,06 mg/kg; für Dithiocarbamate, Fludioxonil, Iprodion und Procymidon jedoch im Bereich von 0,11 bis 0,16 mg/kg, für Fenhexamid und Pyrimethanil bei 0,22 mg/kg sowie für Cyprodinil bei 0,33 mg/kg. Gehalte über den zulässigen Höchstmengen wurden in 8,5 % der Proben festgestellt, verursacht durch:

Imazalil (3x),	Dimethoat (1x),
Indoxacarb (2x),	Dithiocarbamate (1x),
Carbendazim (2x),	Flusilazol (1x),
Bupirimat (1x),	Imidacloprid (1x),
Cypermethrin (1x),	Penconazol (1x).
Deltamethrin (1x),	

Der höchste Anteil mit Rückständen über den Höchstmengen wurde wie schon im Jahr 2003 bei türkischen Trauben festgestellt, bei denen fünf der 14 Proben, d. h. 35,7 %, betroffen waren. Die anderen Proben mit Überschreitungen kamen aus Chile (12,5 %) und Italien (4,9 %) je zweimal sowie aus Frankreich und Spanien je einmal. Keine Überschreitung wurde u. a. bei griechischen, südafrikanischen und anderen südamerikanischen Trauben festgestellt.

Elemente

In Tafelweintrauben wurden neben Kupfer (hauptsächlich aus kupferhaltigen Spritzmitteln) erstmalig im Monitoring auch die Gehalte der Elemente Arsen, Blei, Cadmium, Quecksilber, Selen, Thallium und Zink bestimmt. Die Ergebnisse sind in Tabelle 5-12 dargestellt. Kupfer wurde erwartungsgemäß in nahezu allen Proben nachgewiesen. Zink war in 57 % der Proben, Arsen und Blei in weniger als einem Fünftel aller Proben quantifizierbar. Cadmium, Quecksilber und Thallium wurden nur in 5 % und Selen in keiner der Proben gefunden. Die Konzentrationen waren generell gering. Die Kupfer-Gehalte aus den Jahren 1997 und 2001 wurden bestätigt. Bei zusätzlichen Analysen wurde Nickel in 53 % der darauf untersuchten Proben gefunden. Die mittleren Gehalte lagen bei 0,03 mg/kg; die Maximalgehalte betrugen 0,05 mg/kg.

Fazit

Tafelweintrauben waren gering mit Schwermetallen, aber nach wie vor mittelgradig mit Rückständen von Pflanzenschutzmitteln kontaminiert, dabei Proben aus Europa stärker als die aus Südafrika oder Südamerika. Da sich die Rückstandssituation in den letzten Jahren nicht wesentlich verbessert hat, sollten verstärkt Minimierungsstrategien umgesetzt werden, um sowohl die Anzahl positiver Befunde als auch die Rückstandskonzen-

trationen deutlich zu verringern. Das gilt insbesondere für die Wirkstoffe und Herkunftsstaaten mit auffälligen Höchstmengenüberschreitungen.

5.15
Exotische Früchte

Banane

Auch die Banane gehört zu den ältesten Kulturpflanzen. Ihr Ursprung liegt in den Tropen Südostasiens. Hauptanbaugebiete sind heute Brasilien, Ecuador, Honduras, Costa Rica, Panama und Kolumbien mit riesigen Plantagen. Bananen sind leicht bekömmlich, ein natürlicher und schneller Energielieferant, einfach in der Handhabung und überall und ganzjährig erhältlich. Nicht zuletzt deshalb sind sie ideal für Kleinkinder, ältere Menschen und Sportler und zählen zu den am meisten gegessenen Früchten im deutschsprachigen Raum.

Untersuchungen im Monitoring 1997 und 2002 belegten, dass die Kontamination mit Pflanzenschutzmittelrückständen und Schwermetallen sehr gering war. Im Rahmen der Empfehlungen zum KÜP wurde im Jahr 2006 die Rückstandssituation erneut überprüft. Dazu wurden 93 Bananen-Proben gezogen, von denen ein Drittel aus Kolumbien, 20 Proben aus Ecuador, 14 Proben aus Costa Rica und weitere 9 Proben aus Panama stammten. Die restlichen Proben verteilten sich auf verschiedene Herkünfte.

Pflanzenschutzmittel

Die Proben wurden entsprechend den Vorgaben der Rückstands-Höchstmengenverordnung mit der ungenießbaren Schale auf 57 der immer wieder nachgewiesenen und für Bananen potenziell relevanten Wirkstoffe von Pflanzenschutzmitteln analysiert, wobei Rückstände von 20 Wirkstoffen gefunden wurden. Wie schon im Monitoring 1997 und 2002 wurden wieder das Insektizid Chlorpyrifos und die zur Nacherntebehandlung eingesetzten Fungizide Imazalil und Thiabendazol häufig gefunden, letztere in mehr als 60 % aller Proben. Die Rückstände werden hauptsächlich auf der Schale nachgewiesen. Wie Untersuchungen im Monitoring 2002 gezeigt haben, können bei höheren Rückstandskonzentrationen auf der Schale auch im Fruchtfleisch geringe Rückstände enthalten sein (Abb. 5-12).

Durch eine empfindlichere Analysentechnik und die bessere Anpassung des Untersuchungsspektrums an die landwirtschaftliche Praxis wurden im Jahr 2006 mehr Stoffe gefunden und somit ein höherer Anteil von Proben mit Rückständen unterhalb der Höchstmengen festgestellt als bei früheren Untersuchungen (Abb. 5-12). Insgesamt war aber die Kontamination mit Pflanzenschutzmittelrückständen wieder sehr gering, mit nur einem Gehalt von Dithiocarbamaten über der zulässigen Höchstmenge.

Bis auf Imazalil mit 0,55 mg/kg und Thiabendazol mit 0,35 mg/kg lagen die 90. Perzentile der Rückstandskonzentrationen der anderen Stoffe unter 0,01 mg/kg.

Der Anteil mit Mehrfachrückständen betrug 61 %, wobei in einer Probe maximal fünf Stoffe gleichzeitig bestimmt wur-

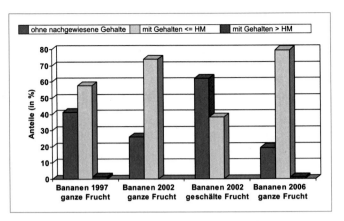

Abb. 5-12 Pflanzenschutzmittelrückstände in Bananen im Jahresvergleich.

den. Am häufigsten wurden je zwei Rückstände in 38 Proben gefunden, dabei vor allem Imazalil und Thiabendazol, die gemeinsam in insgesamt 46 Proben nachgewiesen wurden.

Fazit
Bananen waren nach wie vor nur gering mit Pflanzenschutzmittelrückständen kontaminiert.

5.16
Fruchtsäfte

Orangensaft

Orangensaft besteht zu 100 % aus dem Fruchtsaft und Fruchtfleisch der Orangen und muss frei von jeglichen Zusätzen wie Farbstoffen oder Konservierungsstoffen sein. Handelsübliche Orangensäfte werden aus Konzentrat oder als Direktsaft hergestellt. Brasilien ist der mit Abstand größte Exporteur von Orangensaftkonzentrat.

Nach Apfelsaft ist Orangensaft der beliebteste Saft in Deutschland. Pro Kopf und Jahr werden ca. 9,5 Liter getrunken. Schon ein Glas Orangensaft bringt genug Vitamin C für den Tag. Schadstoffe waren in den Monitoringuntersuchungen der Jahre 1995 und 2004 kaum zu finden.

Der Empfehlung zum KÜP der EU folgend, wurde im Jahr 2006 erneut untersucht, in welchem Ausmaß Pflanzenschutzmittelrückstände im Orangensaft auftreten. Dazu wurden 107 Proben Orangensaft auf 79 potenziell relevante Pflanzenschutzmittelrückstände analysiert. Die untersuchten Säfte wurden überwiegend (83 %) in Deutschland hergestellt.

Pflanzenschutzmittel
Von den 79 Stoffen wurden im Orangensaft nur Rückstände von 10 Wirkstoffen und jeweils nur in weniger als 10 % aller Proben gefunden. Wie im Jahr 2004 wurde Carbendazim am häufigsten nachgewiesen (10 Proben). Die bei der Nacherntebehandlung der Orangen eingesetzten Oberflächenbehandlungsmittel Imazalil und Orthophenylphenol wurden in 5 % bzw. 7 % der darauf untersuchten Proben quantifiziert. Die

Rückstandssituation war mit der aus dem Jahr 2004 vergleichbar. Der Anteil ohne messbare Rückstände ist von 78 % auf 83 % gestiegen, während die Anzahl mit Rückständen unterhalb der Höchstmengen von 22 % auf 17 % gesunken ist. Konzentrationen über Höchstmengen traten nicht auf. Mehrfachrückstände wurden nur in zwei Proben mit jeweils zwei Stoffen festgestellt. Die Rückstandsgehalte waren sehr gering. Bis auf Imazalil mit maximal 0,08 mg/kg lagen alle anderen Befunde unterhalb 0,05 mg/kg.

Fazit
Die Kontamination von Orangensaft mit Pflanzenschutzmittelrückständen war nach wie vor sehr gering.

5.17
Schokoladen

Bitterschokolade

Schokolade ist in ihrer Geschmacksvielfalt für die meisten Menschen ein Inbegriff des Genusses. Allein von den Schokoladensorten ohne Zusätze und Füllungen wurden in Deutschland im Jahr 2005 pro Kopf 2,5 Kilogramm verzehrt.

Schokolade besteht im Wesentlichen aus fein gemahlenen Kakaokernen, der Kakaomasse, Kakaobutter und Zucker. Nach dem Gehalt an Kakao unterscheidet man verschiedene Schokoladensorten. Mit einem Mindestgehalt von 60 % wird sie im Handel als Bitterschokolade bezeichnet. Leider wird aber gerade der Genuss der kakaomassereichen Schokoladensorten aufgrund erhöhter Cadmium-Befunde etwas getrübt, wie bereits die Ergebnisse des Monitorings 2002 gezeigt haben. Cadmium wird von den Kakaobäumen über die Wurzeln aufgenommen und in den Früchten angereichert. Die zur Herstellung von Edelschokolade hauptsächlich verwendete Edelkakaosorte Criollo weist dabei die höchsten Cadmium-Gehalte auf.

Die erneute Untersuchung im Jahr 2006 diente deshalb in erster Linie der Überprüfung von Cadmium-Konzentrationen in Schokolade mit Kakao-Gehalten über 60 % (Bitterschokolade). Darüber hinaus wurde auf sechs weitere Elemente, auf die beim Rösten der Kakaobohnen möglicherweise entstehenden PAK und auf das Schimmelpilzgift OTA untersucht. Die 131 Proben Schokolade stammten überwiegend (76 % der Proben) aus inländischer Produktion und weitere 6 % aus Frankreich.

Organische Stoffe
Von den PAK wurde Benzo(a)pyren am häufigsten, d.h. in mehr als drei Viertel (79 %) der Proben gefunden. Auch Benzo(b)-fluoranthen (69 %), Benzo(k)fluoranthen (54 %) und Chrysen (67 %) waren häufig bestimmbar. In knapp der Hälfte der Proben (49 %) wurde Benzo(g,h,i)perylen quantifiziert, während Benzo(a)anthracen und Indeno(1,2,3-cd)pyren nur in 23 % bzw. 38 % der Proben nachzuweisen waren. In wenigen Proben (2,5 %) wurde auch Dibenz(a,h)anthracen gefunden. Die Konzentrationen erreichten bei einzelnen PAK höchstens 2,3 µg/kg und waren somit insgesamt sehr gering.

OTA wurde in mehr als einem Drittel (35 %) der Schokoladen nachgewiesen. Die Konzentrationen lagen im Mittel bei

Tab. 5-13 Elementgehalte in Edelschokolade im Jahresvergleich (Werte in mg/kg Frischgewicht).

Element	Elementgehalte in mg/kg (Untersuchungsjahr) Edelschokolade*	
	Mittelwert	**90. Perzentil**
Arsen	0,035 (2002) 0,026 (2006)	0,075 (2002) 0,050 (2006)
Blei	0,096 (2002) 0,071 (2006)	0,204 (2002) 0,118 (2006)
Cadmium	0,181 (2002) 0,184 (2006)	0,359 (2002) 0,329 (2006)
Kupfer	14,2 (2002) 16,4 (2006)	18,0 (2002) 21,3 (2006)
Nickel	3,25 (2002) 3,72 (2006)	5,03 (2002) 5,23 (2006)
Selen	0,071 (2002) 0,081 (2006)	0,211 (2002) 0,200 (2006)
Zink	29,2 (2002) 30,3 (2006)	38,7 (2002) 38,6 (2006)

* = Kakao-Gehalt > 43 % im Jahr 2002, > 60 % im Jahr 2006.

0,37 µg/kg und im Maximum bei 0,91 µg/kg. Ein Höchstgehalt ist für Kakao und Kakaoerzeugnisse zurzeit nicht festgelegt.

Elemente

Die Bitterschokolade wurde auf den Gehalt der Elemente Arsen, Blei, Cadmium, Kupfer, Nickel, Selen und Zink untersucht. Cadmium, Kupfer, Nickel und Zink wurden in allen Proben, Blei in drei Viertel der Proben, Selen in der Hälfte und Arsen nur in etwa einem Viertel aller Proben gefunden.

Wie Tabelle 5-13 zeigt, sind die Elementkonzentrationen in der Bitterschokolade trotz insgesamt höherem Kakao-Gehalt (>60 %) sehr ähnlich denen, die in Edelschokolade (Kakao-Gehalt >43 %) im Monitoring 2002 gefunden worden waren. Positiv ist die etwas geringere Blei-Kontamination im Jahr 2006.

Die Cadmium-Gehalte waren nach wie vor relativ hoch. Basierend auf Expositionsabschätzungen empfiehlt das BfR in seiner Stellungnahme vom 31.01.2007[8], einen Höchstgehalt für Cadmium in Schokolade zwischen 0,1 und 0,3 mg/kg festzusetzen. Bei Annahme eines wöchentlichen Schokoladenverzehrs von 150 g mit Cadmium-Gehalten in dieser Höhe würde ein Erwachsener eine Cadmium-Menge aufnehmen, die etwa 3 % (bei 0,1 mg/kg) bzw. 10 % (bei 0,3 mg/kg) des PTWI entspricht. Kinder würden allerdings je nach Alter bei 0,1 mg/kg knapp ein Achtel und bei 0,3 mg/kg fast die Hälfte ihres PTWI ausschöpfen.

Bei zusätzlichen Untersuchungen wurde auch Thallium in nahezu allen darauf untersuchten Proben mit einem mittleren Gehalt von 0,007 mg/kg und einem Maximalgehalt von 0,015 mg/kg gefunden. Quecksilber wurde nicht nachgewiesen.

---

[8] Stellungnahme Nr. 015/2007 des BfR vom 31.01.2007: BfR schlägt die Einführung eines Höchstgehalts für Cadmium in Schokolade vor. (http://www.bfr. bund.de/cm/208/bfr_schlaegt_die_einfuehrung_eines_hoechstgehalts_fuer_ cadmium_in_schokolade_vor.pdf)

Fazit

Bitterschokolade war sehr gering mit polycyclischen aromatischen Kohlenwasserstoffen kontaminiert. Relativ häufige Nachweise von OTA sollten aber Anlass für weitere Untersuchungen und Expositionsbetrachtungen sein. Bei der Kakaoherstellung ist verstärkt auf die Minimierung des Schimmelpilzbefalls zu achten. Mit Ausnahme von Cadmium war die Kontamination mit anderen Schwermetallen gering. Die Cadmium-Gehalte waren nach wie vor relativ hoch. Zur Schaffung einer breiteren Datenbasis zur Risikobewertung werden im Monitoring 2008 erneut Untersuchungen auf Cadmium in Schokolade und Kakaomasse durchgeführt.

5.18
Tee

Tee, unfermentiert/Tee, fermentiert

Tee in seinem ursprünglichen Sinne ist das heute weltweit bekannte und beliebte heiße Aufgussgetränk, das aus den getrockneten und besonders behandelten Blättern des Teestrauches hergestellt wird. Geschmack, Geruch und Ergiebigkeit der einzelnen Sorten werden ausschließlich vom Klima, der Bodenbeschaffenheit, der Jahreszeit der Ernte und der weiteren Behandlung bestimmt. Seit den 1990er Jahren wird der grüne, unfermentierte Tee von vielen Verbrauchern bevorzugt, da sie ihn für gesünder halten als den fermentierten „schwarzen" Tee. Bei der Fermentierung können einige der auf die menschliche Gesundheit vorteilhaft wirkenden Inhaltsstoffe verändert oder zerstört werden. Bei diesem Prozess werden aber auch unerwünschte organische Schadstoffe abgebaut, wie vergleichende Untersuchungen im Monitoring 2002 zeigten. Der grüne Tee, der aus den luftgetrockneten Blättern besteht, war stärker mit Pflanzenschutzmittelrückständen und Schwermetallen kontaminiert. Mit der erneuten Untersuchung im Jahr 2006 wurde überprüft, welche Veränderungen sich an der Kontaminationssituation ergeben haben. Dazu wurden 109 Proben unfermentierter Tee und 88 Proben fermentierter Tee auf persistente Organochlorverbindungen, Pflanzenschutzmittelrückstände und acht Elemente analysiert. Die Untersuchungen auf organische Stoffe erfolgten entsprechend den Vorgaben der Rückstands-Höchstmengenverordnung mit den trockenen Teeblättern; die Elemente wurden im Teeaufguss bestimmt.

Der Grüntee stammte überwiegend aus China (43 % der Proben) und weitere 8 % waren japanischer Herkunft zuzuordnen. Der Schwarztee war zu je 9 % aus Sri Lanka und Indien. Die restlichen Proben verteilten sich auf verschiedene Herkünfte oder konnten keinem Ursprungsland zugeordnet werden.

Organische Stoffe

Das Untersuchungsspektrum umfasste die Rückstände von 78 persistenten Organochlorverbindungen bzw. Pflanzenschutzmittel-Wirkstoffen, die entweder in der Vergangenheit häufig nachgewiesen wurden oder gegenwärtig im Tee-Anbau vorrangig eingesetzt werden. Nachgewiesen wurden Rückstände von 43 Stoffen im Grüntee und 32 Stoffen im Schwarztee, davon jeweils in mehr als 10 % der Proben:

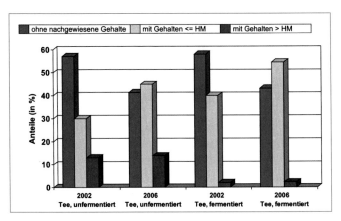

Abb. 5-13 Organochlorverbindungen und Pflanzenschutzmittel-rückstände in Tee im Jahresvergleich.

in unfermentiertem Tee:
Endosulfan (35 %),
Cyhalothrin (24 %),
Imidacloprid (23 %),
Cypermethrin (20 %),
Esfenvalerat (18 %),
Bifenthrin (17 %),
Fenvalerat (15 %),
Carbendazim (13 %),
Fenpiclonil (13 %),
Propargit (12 %),
Acetamiprid (11 %),
Buprofezin (11 %).

in fermentiertem Tee:
Endosulfan (50 %),
Dicofol (20 %),
Imidacloprid (12 %),
Cypermethrin (11 %),
DDT (10 %).

PCB und andere Umweltkontaminanten wurden nicht oder nur vereinzelt quantifiziert. Wie Abbildung 5-13 zeigt, wurden aber im Jahr 2006 bei beiden Tees deutlich mehr Proben mit Rückständen unterhalb der Höchstmengen gefunden als im Jahr 2002, sicherlich auch wieder begründet in der verbesserten Analytik und besseren Anpassung des Untersuchungsspektrums an die landwirtschaftliche Praxis. Entsprechend waren die Probenanteile ohne messbare Gehalte geringer.

Die Anteile mit Rückständen über den zulässigen Höchstmengen lagen im Jahr 2006 bei 13,8 % in unfermentiertem und 2,3 % in fermentiertem Tee und somit auf ähnlichem Niveau wie im Jahr 2002. Dabei waren die Höchstmengen folgender Stoffe überschritten:

in unfermentiertem Tee:
Imidacloprid (8x),
Buprofezin (5x),
Fenvalerat (3x),
Fenpropathrin (3x),
Esfenvalerat (2x),
Carbendazim (1x),
Diflubenzuron (1x),
Permethrin (1x).

in fermentiertem Tee:
Aclonifen (1x),
Imidacloprid (1x),
Oxydemeton-methyl (1x).

Mehrfachrückstände wurden in 42 % des Grüntees und 28 % des Schwarztees gefunden, im Maximum 11 Stoffe in drei Proben Grüntee bzw. 10 Stoffe in einer Probe Schwarztee. Die allgemein höhere Kontamination von unfermentiertem Tee kommt auch in der Höhe der Rückstandsgehalte zum Ausdruck: Bei

Tab. 5-14 Elementgehalte in Tee im Jahresvergleich (Werte in mg/kg Frischgewicht).

Element	Elementgehalte (Untersuchungsjahr)**					
	Unfermentierter Tee			**Fermentierter Tee**		
	Anteil mit quantifizierten Gehalten (2006)	**Mittelwert (mg/kg)**	**90. Perzentil (mg/kg)**	**Anteil mit quantifizierten Gehalten (2006)**	**Mittelwert (mg/kg)**	**90. Perzentil (mg/kg)**
Arsen	4,6 %	0,003 (2002) 0,001 (2006)	0,010* (2002) 0,004* (2006)	2,7 %	0,002 (2002) 0,002 (2006)	0,005* (2002) 0,006* (2006)
Blei	28,7 %	0,009 (2002) 0,006 (2006)	0,011 (2002) 0,005 (2006)	7,0 %	0,005 (2002) 0,003 (2006)	0,010 (2002) 0,011* (2006)
Cadmium	5,6 %	0,0009 (2002) 0,0006 (2006)	0,001 (2002) 0,001* (2006)	6,8 %	0,0008 (2002) 0,0007 (2006)	0,001 (2002) 0,001* (2006)
Kupfer	47,7 %	0,128 (2002) 0,066 (2006)	0,150 (2002) 0,150 (2006)	52,7 %	0,122 (2002) 0,066 (2006)	0,300 (2002) 0,150 (2006)
Mangan	100 %	2,73 (2002) 2,90 (2006)	3,86 (2002) 4,72 (2006	100 %	2,46 (2002) 2,17 (2006)	4,02 (2002) 3,27 (2006)
Selen	8,3 %	0,003 (2002) 0,001 (2006)	0,006 (2002) 0,003* (2006)	2,7 %	0,004 (2002) 0,002 (2006)	0,010 (2002) 0,003* (2006)
Thallium	18,3 %	na (2002) 0,0008 (2006)	– 0,002 (2006)	6,7 %	na (2002) 0,002 (2006)	– 0,005* (2006)
Zink	66,7 %	0,234 (2002) 0,192 (2006)	0,273 (2002) 0,250 (2006)	66,2 %	0,221 (2002) 0,201 (2006)	0,500 (2002) 0,415 (2006)

Na = nicht analysiert; * = Maximaler Gehalt. Das 90. Perzentil wurde nicht berechnet, da nur in wenigen Proben quantifiziert;
** = Die Ergebnisse für das Jahr 2002 sind korrigiert und nicht identisch mit denen im Monitoring-Bericht 2002.

Grüntee lagen die 90. Perzentile der Rückstandskonzentrationen für die meisten Stoffe unter 0,07 mg/kg, im Schwarztee unter 0,03 mg/kg. Ausnahmen waren Cyhalothrin und Endosulfan mit 90. Perzentilen von 0,18 bzw. 0,10 mg/kg im Grüntee sowie Dicofol und Endosulfan mit 90. Perzentilen von 0,19 bzw. 0,35 mg/kg im Schwarztee.

Elemente

Zur Beurteilung der Kontaminationssituation wurde der verzehrsfertige Teeaufguss auf die Gehalte von Arsen, Blei, Cadmium, Kupfer, Mangan, Selen, Thallium und Zink analysiert.

Die Probenanteile, in denen die Elemente bestimmt wurden, sowie deren Gehalte sind im Vergleich zu *korrigierten* Ergebnissen aus dem Jahr 2002 in Tabelle 5-14 gegenüber gestellt. Die Korrektur der Ergebnisse aus dem Jahr 2002 (s. Bericht zum Monitoring 2002, S. 39–40[1]) wurde notwendig aufgrund der Identifizierung fehlerhafter Datensätze nach Vergleich mit den Ergebnissen aus dem Jahr 2006.

Mangan wurde in allen Proben, Kupfer in etwa der Hälfte und Zink in zwei Dritteln der Proben gefunden. Die anderen Elemente wurden nur in relativ wenigen Proben nachgewiesen. Quecksilber wurde bei zusätzlichen Untersuchungen in keiner der darauf analysierten Proben von Grüntee-Aufguss quantifiziert.

Die Ergebnisse zeigen in den Aufgüssen von grünem und schwarzem Tee kaum Unterschiede. Abgesehen von etwas geringeren Kupfer-Gehalten im Jahr 2006, waren auch die Konzentrationen im Jahresvergleich nahezu identisch. Insgesamt ist die Schwermetall-Kontamination bei beiden Tees als gering zu bezeichnen.

Fazit

Wie schon im Jahr 2002 war die Kontamination der trockenen Teeblätter mit Pflanzenschutzmittelrückständen bei grünem (unfermentiertem) Tee nach wie vor erhöht und bei schwarzem (fermentiertem) Tee gering. Der verzehrsfertige Aufguss von grünem und schwarzem Tee war nur gering mit Schwermetallen kontaminiert.

To access this journal online:
http://www.birkhauser.ch

---

[1] Lebensmittel-Monitoring, Bericht 2002
(http://www.bvl.bund.de/lebensmittelmonitoring)

6 Ergebnisse des Projekt-Monitorings

Zur Untersuchung von speziellen Fragestellungen beinhaltete das Monitoring 2006 folgende zehn Projekte (P01 bis P10):

P01: Fumonisine in maishaltiger Säuglingsnahrung und diätetischen Lebensmitteln auf Maisbasis
P02: Nitrat in Feldsalat
P03: Phthalate in fetthaltigen Lebensmitteln
P04: Dioxine und dioxinähnliche PCB in Säuglings- und Kleinkindernahrung
P05: Pflanzenschutzmittelrückstände aus Einzelfruchtanalysen von Paprika
P06: Pharmakologisch wirksame Stoffe in Aalen
P07: Ochratoxin A in Trockenobst außer Weintrauben
P08: Herbizid-Rückstände in bestimmten Gemüsearten
P09: Bromid-, Nitrat- und Schwefelkohlenstoffgehalte in Rucola
P10: Triphenylmethanfarbstoffe in importierten Fischen und Fischerzeugnissen

Diese Projekte sind unter Federführung einer Untersuchungseinrichtung der amtlichen Lebensmittelüberwachung durchgeführt worden. Die in diesem Kapitel enthaltenen Projektberichte sind inhaltlich von den Federführenden erstellt worden. Das federführende Amt und die weiteren teilnehmenden Ämter sind am Anfang eines jeden Projektberichtes genannt.

6.1
Projekt 01: Fumonisine in maishaltiger Säuglingsnahrung und diätetischen Lebensmitteln auf Maisbasis

Federführendes Amt: CVUA Münster
Teilnehmende Ämter: SVUA Arnsberg, CUA Bielefeld, CUA Hamm, CUA Bielefeld, CVUA Stuttgart, ILAT Berlin, LGL Oberschleißheim, LAVES – LI Braunschweig, LVGA Saarbrücken, LUA Trier

Fumonisine werden durch verschiedene Fusarienarten in warmen Klimazonen vorwiegend auf Mais gebildet. Die Schimmelpilze kommen vorrangig in tropischen und subtropischen Gebieten vor, allerdings wurde nachgewiesen, dass sie auch in der Lage sind, in unseren Breiten Toxine zu produzieren. Als belastete Lebensmittel kommen hauptsächlich Getreide, insbesondere Mais in Frage. Durch die bekannten technologischen Zubereitungsverfahren wird keine Entgiftung belasteter Materialien erzielt.

Die erst 1988 in Südafrika isolierten und charakterisierten Schimmelpilzgifte zeigen in ihrer Struktur Ähnlichkeiten mit Zellwandbestandteilen und verursachen diverse Krankheiten bei Nutztieren. Sie stehen im Verdacht, Tumorpromotoren und Tumorinitiatoren zu sein.

Der wissenschaftliche Ausschuss „Lebensmittel" (SCF) der Europäischen Kommission hat in einer Stellungnahme vom Oktober 2000 (aktualisiert im April 2003) eine für den Menschen tolerierbare vorläufige tägliche Aufnahmemenge (t-TDI) von 2 µg/kg Körpergewicht empfohlen, dieser Wert wurde ebenfalls vom Expertenkomitee der FAO und WHO als vorläufig maximal tolerierbare tägliche Aufnahmemenge (PMTDI) festgelegt.

Während des Untersuchungs- und Berichtszeitraumes waren auf EU-Ebene keine harmonisierten Höchstmengen für Fumonisine in Lebensmitteln festgelegt bzw. treten gemäß VO (EG) Nr. 466/2001 zur Festsetzung der zulässigen Höchstgehalte an Kontaminanten in Lebensmitteln (Kontaminantenverordnung) vorbehaltlich anderer Regelungen erst zum 1. Oktober 2007 in Kraft. Nach der Verordnung (EG) 1881/2006 gelten dann am 1. Oktober 2007 die im Anhang, Abschnitt 2, Nr. 2.6 festgesetzten Höchstgehalte für die Summe der Fumonisine B1 und B2 von 2000 µg/kg für unverarbeiteten Mais, 1000 µg/kg für Maismehl, Maisschrot und Maisgrits, 400 µg/kg für Lebensmittel aus Mais zum direkten Verzehr und 200 µg/kg für Getreidebeikost aus Mais und andere Beikost für Säuglinge und Kleinkinder. Die während des Berichtszeitraumes gültigen nationalen Höchstmengen für die Summe der Fumonisine B1 und B2 sind 500 µg/kg für Mais- und Maiserzeugnisse (Mais zum direkten Verzehr und verarbeitete Maiserzeugnisse) und 100 µg/kg für Cornflakes.

Bereits im Projekt-Monitoring im Jahre 2003 wurden Maismehl, Maisgrieß und Cornflakes des allgemeinen Verzehrs auf Fumonisine hin untersucht. Obwohl der Großteil der Proben nicht oder nur geringfügig kontaminiert war, wurden in einzelnen Proben zum Teil auffallend hohe Kontaminationen an Fumonisinen gefunden.

Im Rahmen des Projekt-Monitorings 2006 lag der Schwerpunkt der Untersuchung (213 Proben) auf maishaltiger Säuglingsnahrung und Diätprodukten. Die untersuchten diätetischen Lebensmittel sind in erster Linie für Personen wichtig, welche an einer Unverträglichkeit gegenüber Gliadin leiden. Diese Erkrankung, im Kinder- und Jugendalter Zöliakie, im Erwachsenenalter Sprue genannt, zwingt die betroffenen Personen zu einer lebenslangen gliadinfreien Ernährung. Mit Aus-

Tab. P01-1 Kontamination von Maismehlen, Maisgrieß (Projekt-Monitoring 2003) und diätetischen Lebensmitteln (Projekt-Monitoring 2006) mit Fumonisinen (Summe der Fumonisine B1 + B2 (µg/kg)).

	Median	Mittelwert	90.Perzentil	95.Perzentil	Maximum	Höchstmenge
Maismehl (2003)	43	490	1972	3100	4280	500
Maisgrieß (2003)	27	244	985	1286	4364	500
diätet. Lebensmittel auf Maisbasis (2006)	6	260	917	1552	3156	500

nahme von Reis und Mais enthalten praktisch alle in Deutschland gebräuchlichen Getreidearten Gliadin, weshalb für die betroffene Personengruppe Mais- und Reisprodukte in der täglichen Ernährung eine besondere Rolle als Kohlenhydratquelle spielen und daher im Vergleich zur übrigen Bevölkerung verstärkt konsumiert werden.

Maishaltige Säuglingsnahrung

Insgesamt wurden 117 maishaltige Produkte untersucht, darunter 100 Proben Getreidebeikost für Säuglinge und Kleinkinder und 17 Proben Zwieback und Kekse für Säuglinge und Kleinkinder. Nur in sieben Proben (6,0%) waren Fumonisine nachweisbar, davon nur in zwei Proben (1,7%) oberhalb der Bestimmungsgrenze (25 µg/kg). Der Maximalwert (192 µg/kg, Summe der Fumonisine B1+B2) lag unterhalb des ab 1. Oktober 2007 für diese Produktgruppe gültigen Höchstgehalts von 200 µg/kg.

Gliadinfreie diätetische Lebensmittel auf Maisbasis

Unter den untersuchten 96 Proben glutenfreie diätetische Lebensmittel auf Maisbasis waren 50 gliadinfreie Backwaren und Backmischungen sowie 35 Proben gliadinfreie Teigwaren auf Basis von Maismehl und Maisgrieß. In den Rezepturen dieser Produkte lag der Maisanteil in den meisten Fällen über 80%. Ferner wurden elf Proben unterschiedlicher Zusammensetzung beprobt. Im Großteil der Proben (48%) waren Fumonisine nicht nachweisbar oder die Gehalte lagen unterhalb der Bestimmungsgrenze (10%). Die mittleren Fumonisin-Gehalte lagen bei 260 µg/kg. In 17 Proben (17,7%) lagen die Fumonisin-Gehalte oberhalb der gültigen nationalen Höchstmenge (500 µg/kg). Der größte Anteil an Höchstmengenüberschreitungen entfiel hierbei auf die untersuchten Teigwaren (12 von 35 Proben). In einer Probe Teigwaren wurde eine Spitzenbelastung von 3156 µg/kg gemessen. Das 95. Perzentil (1552 µg/kg) liegt deutlich oberhalb des ab Oktober 2007 auf Maismehl und Maisgrieß anzuwendenden Höchstgehalts von 1000 µg/kg. Auch bei Zugrundelegung dieser deutlich höheren Höchstmenge, würden die gemessenen Fumonisin-Gehalte in acht Proben (8,3%) deutlich oberhalb der Höchstmenge liegen. Hiervon betroffen wären fünf Proben Teigwaren und drei Proben Backmischungen.

Berücksichtigt man, dass die untersuchten Produkte überwiegend zu mehr als 80% aus Maismahlerzeugnissen hergestellt sind, spiegelt sich in diesen Ergebnissen die im Projekt-Monitoring 2003 für Maismehl und Maisgrieß festgestellte Belastungssituation sehr gut wider (Tab. P01-1).

Der tägliche Pro-Kopf-Verbrauch an konventionellen Mahlerzeugnissen (Mahlerzeugnisse aus Roggen und Weizen) liegt bei ca. 214 g[1]. Unterstellt man, dass Personen, die an einer Gliadinunverträglichkeit leiden, diese Menge unter Umständen vollständig durch Maismahlerzeugnisse ersetzen, so ergibt sich bei Anwendung des Mittelwertes von 260 µg/kg für eine 65 kg schwere Person eine Ausschöpfung des TDI-Wertes (2 µg/kg Körpergewicht/Tag) von ca. 43%. Das 95. Perzentil (1552 µg/kg) entspricht bereits dem 2,5fachen (250%) des TDI-Wertes, d.h., dass bei lebenslanger Aufnahme derartiger Fumonisin-Gehalte gesundheitliche Schädigungen nicht mit Sicherheit ausgeschlossen sind. Diese Betrachtungsweise stellt ein so genanntes „worst-case-scenario" dar, d.h. die ungünstige Kombination von hohen Verzehrsmengen bei gleichzeitig hoher Kontamination mit Fumonisinen über einen längeren Zeitraum hinweg. Allerdings wird offensichtlich, dass Personenkreise, die z.B. aus gesundheitlichen Gründen in ihrer Ernährungsweise konventionelle Mahlerzeugnisse durch Maisprodukte ersetzen müssen, im Vergleich zur übrigen Bevölkerung insgesamt deutlich höhere Fumonisinmengen aufnehmen dürften.

Fazit

Während Säuglingsnahrung auf Maisbasis praktisch kaum mit Fumonisinen belastet waren, können diätetische gliadinfreie Lebensmittel auf Maisbasis zum Teil stark kontaminiert sein. Auch unter Berücksichtigung, dass ab Oktober 2007 für die meisten diätetischen Lebensmittel aus dieser Produktgruppe im Vergleich zu den bisherigen nationalen Regelungen höhere Höchstmengen für Fumonisine anzuwenden sind, muss auch zukünftig mit Höchstmengenüberschreitungen gerechnet werden. Deshalb ist die Kontamination mit Fumonisinen weiterhin kontinuierlich zu beobachten. Seitens der Hersteller sind geeignete Maßnahmen einzuleiten, um eine nachhaltige Minimierung der Kontamination zu erreichen.

6.2
Projekt 02: Nitrat in Feldsalat

Federführendes Amt:	CVUA Stuttgart
Teilnehmende Ämter:	TLLV Bad Langensalza, ILAT Berlin, Stadt Bonn, LGL Oberschleißheim, LSGV Saarbrücken

Feldsalat erfreut sich großer Beliebtheit und wird in großem Umfang angeboten, vor allem im Winterhalbjahr, wenn Kopf-

---

[1] Statistisches Jahrbuch 2006: Wirtschaftsberechnung privater Haushalte, Verbrauch an Nahrungsmitteln (Wirtschaftsjahr 2004/2005); Herausgeber: Statistisches Bundesamt

Tab. P02-1 Nitratgehalte in Feldsalat aus dem Winterhalbjahr 2006/2007.

	Probenzahl	Mittelwert (mg/kg)	90. Perzentil (mg/kg)	Höchster Wert (mg/kg)	HG für Kopfsalat (mg/kg)	> HG	> HG in %
Inland	76	2214	3560	5093	4000–4500	3	4
Ausland	18	2619	4637	5256	4000–4500	3	16,7
Freiland	86	2279	3646	5256	4000	6	7
Unter Glas	8	2431	3608	4164	4500	0	0
Gesamt	**94**	**2292**	**3648**	**5256**	**4000–4500**	**6**	**6,4**

HG = Höchstgehalt für den Erntezeitraum 1. Oktober bis 31. März

salat nicht ausreichend zur Verfügung steht. Während bei frischem Salat (*Lactuca sativa L.*) Höchstgehalte für Nitrat bestehen, gibt es für Feldsalat keine derartige Regelung. Feldsalat kann jedoch zur Nitrataufnahme gleichermaßen beitragen wie Salat der Gattung *Lactuca sativa*. Diese Annahme sollte durch repräsentative Untersuchungen im Rahmen des Lebensmittel-Monitorings überprüft werden. Dazu wurden in sechs Bundesländern insgesamt 94 Proben inländischer und ausländischer Feldsalat aus der Ernteperiode 1. Oktober 2006 bis 31. März 2007 untersucht, der sowohl aus dem Freiland als auch aus der Gewächshausproduktion stammte.

Die Ergebnisse in Tabelle P02-1 bestätigen, dass Feldsalat ähnliche Nitratgehalte wie Salat der Gattung *Lactuca sativa* aufweist. Die Gehalte in je drei Proben aus in- und ausländischer Freilandproduktion lagen über dem für frischen Salat geltenden Höchstgehalt, somit in insgesamt 6,4 % der Proben. Von den 3 Feldsalatproben aus dem Ausland, die den Höchstgehalt an Nitrat überschreiten, stammen zwei aus Belgien und eine aus den Niederlanden. Möglicherweise führt die geringere Sonnenscheindauer in diesen Ländern mit der damit verbundenen geringeren Photosynthese zu einem erhöhten Nitratgehalt des Feldsalates. Bei Erzeugnissen aus der Gewächshausproduktion war der Höchstgehalt nicht überschritten. Aus diesen Ergebnissen ist zu schlussfolgern, dass aus Gründen des Minimierungsprinzips auch für Feldsalat eine Höchstgehaltsregelung für Nitrat europaweit anzustreben ist.

Fazit
Feldsalat weist gleichermaßen erhöhte Nitratgehalte auf wie frischer Salat (*L. sativa L.*). Da die Verzehrsmenge an Feldsalat mit der an frischem Salat vergleichbar ist, ist aus Vorsorgegründen gemäß der Stellungnahme 004/2005 des BfR eine Mengenbegrenzung an Nitrat wünschenswert.

6.3
Projekt 03: Phthalate in fetthaltigen Lebensmitteln
Federführendes Amt: LAVES – LI Oldenburg
Teilnehmende Ämter: LAVES – LI Braunschweig, CVUA Stuttgart

Bei den Phthalsäureestern (Phthalaten) handelt es sich um eine Gruppe von Industriechemikalien, die in erheblichen Mengen (mehrere Millionen Tonnen pro Jahr) produziert werden. Man findet sie in zahlreichen Produkten des täglichen Gebrauchs und als Ergebnis dieser vielfältigen Anwendungen sind Phthalate in der Umwelt weit verbreitet. Auch wenn Phthalate als Weichmacher in Kunststoffverpackungen für Lebensmittel keine Rolle mehr spielen, kann es dennoch zu Kontaminationen insbesondere während der Verarbeitung von Lebensmitteln kommen. Auch werden sie weiterhin in Dichtungsmaterialien für Mehr- und Einwegerzeugnisse verwendet. Die EFSA hat in ihren im September 2005 veröffentlichten Stellungnahmen zu bestimmten Phthalaten[2,3,4,5,6] annehmbare tolerierbare Tagesdosen für bestimmte Phthalate festgelegt und die Auffassung vertreten, die Exposition von Menschen gegenüber bestimmten Phthalaten liege im selben Bereich wie diese Tagesdosen.

Zielsubstanzen im Rahmen des Projektes waren Di-n-butylphthalat (DBP) und Di(2-ethylhexyl)phthalat (DEHP); vereinzelt wurde auch auf weitere Phthalate geprüft, es ergaben sich jedoch nur für Di-iso-butylphthalat (DIBP) in Reis und Mehl einige positive Befunde.

Im Rahmen des Projektes wurden 112 Proben untersucht, und zwar 59 Ölproben (26 Proben Rapsöl, 26 Proben Sonnenblumenöl, 6 Proben Olivenöl und 1 Probe Distelöl), 26 Reisproben, 17 Proben Weizenvollkornmehl sowie 10 Proben Säuglingsmilchnahrung. Neben fetthaltigen Proben (Öl) wurden also auch Proben mit großer Oberfläche (Reis, Mehl) untersucht, um die Theorie zu prüfen, wonach nicht nur ein hoher Fettgehalt, sondern auch eine hohe Oberfläche die Aufnahme von Phthalaten begünstigt. Ferner umfasste das Untersuchungsprogramm Säuglingsmilchnahrung, da Säuglinge eine besonders empfindliche Bevölkerungsgruppe darstellen.

Die Gehalte von DBP und von DEHP lagen in mehr als der Hälfte aller *Ölproben* unterhalb der Nachweis- oder der Bestimmungsgrenze. Messbare Kontaminationen waren also eher selten. Bei positiven Befunden wurden teilweise beträchtliche Konzentrationen erreicht. So lag der höchste Einzelwert für DBP bei 9 mg/kg, für DEHP sogar bei 18,69 mg/kg. Diese Befunde passen in das bereits bekannte Bild, wonach punktuell hohe Kontaminationen mit Phthalaten auftreten können.

[2] The EFSA Journal (2005) 244:1–18.
[3] The EFSA Journal (2005) 245:1–14.
[4] The EFSA Journal (2005) 243:1–20.
[5] The EFSA Journal (2005) 242:1–17.
[6] The EFSA Journal (2005) 241:1–14.

Tab. P03-1 Vergleich der Ergebnisse von gaschromatographischer Analyse und E-Screen-Assay.

Probenart	Anzahl der Proben	Übereinstimmende Identifikation		Unterschiedliche Identifikation	
		GC positiv, E-Screen positiv oder verdächtig	GC negativ, E-Screen negativ	GC positiv, E-Screen negativ	GC negativ, E-Screen positiv oder verdächtig
Olivenöl	8	5	0	2	1
Sonnenblumenöl	11	4	4	1	2
Rapsöl	13	4	5	2	2
Distelöl	1	0	1	0	0
Insgesamt	33	13	10	5	5

In 16 von 26 untersuchten *Reisproben* wurde DBP nachgewiesen. Die mittlere Belastung war mit etwa 0,5 mg/kg eher niedrig, doch gab es auch hier vereinzelte höhere Kontaminationen. So betrug der Maximalwert 6,6 mg/kg. Die Gehalte an DEHP waren durchweg geringer, hier gab es nur 12 Befunde über der Nachweis- oder der Bestimmungsgrenze. Der Mittelwert lag bei 0,05 mg/kg, das 90. Perzentil bei 0,1 mg/kg und als Maximalwert wurden 0,69 mg/kg gemessen.

Bei *Weizenvollkornmehl* ergab sich ein ähnliche Bild wie bei Reis: DBP war in der Mehrzahl der Proben nachweisbar und der Mittelwert betrug 0,35 mg/kg. Die maximale DBP-Konzentration war mit 1,1 mg/kg allerdings nicht so hoch wie beim Reis. Auch beim Mehl war die Belastung mit DEHP geringer als die mit DBP. Nur in 5 von 17 Proben lag der Gehalt über der Bestimmungsgrenze und der Maximalwert betrug 0,1 mg/kg.

Erfreulich niedrig war die Belastung der *Säuglingsnahrung auf Milchbasis*. Der DBP-Gehalt lag sogar in allen Proben unterhalb der Bestimmungsgrenze von 0,02 mg/kg. Die bei Öl, Reis und Mehl vereinzelt beobachteten hohen DBP-Kontaminationen fanden sich bei der Säuglingsnahrung also nicht. Die DEHP-Konzentrationen lagen bei 6 der 10 untersuchten Proben unterhalb der Bestimmungsgrenze von 0,1 mg/kg, der höchste Einzelwert betrug 0,32 mg/kg.

Vergleich der Ergebnisse von gaschromatographischer Analyse mit einem biologischen Testsystem

Aus der Literatur ist bekannt, dass bestimmte Phthalsäureester eine endokrine Wirksamkeit besitzen, zu ihnen gehören auch die in diesem Projekt analysierten Substanzen DBP und DEHP. Aufgrund dieser Tatsache wurden 33 Speiseölproben parallel in einem biologischen Testsystem („E-Screen-Assay") zur Ermittlung der estrogenen Wirksamkeit untersucht. Während in der Literatur eine solche Wirksamkeit nur für DBP, nicht aber für DEHP berichtet wird, zeigte das verwendete Testsystem eine estrogene Potenz sowohl für DBP als auch für DEHP, ferner auch für Benzylbutylphthalat (BBP). Einzelheiten zum Prinzip und zur Durchführung der Untersuchungen finden sich bei Böhmler und Borowski[7].

Da in den verwendeten Zellkultursystemen mit wässrigen Extrakten gearbeitet werden muss, um cytotoxische Effekte zu vermeiden, erfordern Ölproben eine aufwändige Probenvorbereitung; im Laufe der Untersuchungen zeigte sich, dass hier noch Optimierungsbedarf besteht. Bei einigen Extrakten flockte nicht abgetrenntes Fett aus und es ist davon auszugehen, dass bei der Filtration zur Entfernung dieses Fettes die an das Fett gebundenen Phthalate verloren gingen und im Bioassay nicht detektiert werden konnten.

Dennoch stimmten bei 23 der 33 untersuchten Ölproben die Ergebnisse des E-Screen-Tests mit denen der gaschromatographischen Analyse überein, was einer Quote von 70 % entspricht (s. Tab. P03-1). Diese Ergebnisse zeigen, dass der Einsatz biologischer Testsysteme ergänzende Informationen hinsichtlich des Vorhandenseins möglicherweise gesundheitsrelevanter Schadstoffe in Lebensmitteln geben kann. Es besteht jedoch noch Forschungsbedarf, um die Aufarbeitung, insbesondere für fettreiche Lebensmittel, zu optimieren. Weiterhin ist bei Proben mit einer hohen estrogenen Wirksamkeit die Frage offen, welche Substanzen (über die Phthalsäureester hinaus) für diesen Effekt verantwortlich sind.

Fazit

DBP war in Reis und in Weizenvollkornmehl in mehr als 50 % der Proben nachweisbar, bei den Ölen waren positive Befunde dagegen selten. Dennoch führten punktuelle Kontaminationen dazu, dass vereinzelt recht hohe Gehalte gemessen wurden; der Maximalwert von 9 mg/kg trat bei einer Probe Sonnenblumenöl auf. Dagegen war die Belastung der Säuglingsmilchnahrung mit DBP sehr niedrig, in keinem Fall wurden mehr als 0,02 mg/kg ermittelt.

DEHP fand sich weniger häufig als DBP, die Proben mit einem positiven Nachweis machten weniger als 50 % aus. Der höchste Einzelwert von 18,69 mg/kg bei einer Probe Olivenöl lag zwar über dem maximal gemessenen Gehalt an DBP, doch solch hohe Werte traten nur bei den Ölen auf. In Reis, Mehl und Säuglingsmilchnahrung lagen alle Konzentrationen deutlich unter 1 mg/kg.

Der E-Screen-Assay, mit dem ein Teil der Ölproben auf eine estrogene Wirksamkeit geprüft wurde, ergab – trotz methodischer Schwierigkeiten, die noch gelöst werden müssen – eine recht gute Übereinstimmung zwischen gaschromatographischer Analyse und Zelltest. Bei 23 von 33 Proben ergaben sich gleichartige Befunde.

---

[7] Böhmler, G. und Borowski, U. (2004) Nachweis estrogener Wirksamkeit mit einem biologischen Testsystem – Teil 1: Etablierung in der amtlichen Lebensmittelüberwachung. Deutsche Lebensmittel-Rundschau 100:1–5.

6.4
Projekt 04: Dioxine und dioxinähnliche PCB in Säuglings- und Kleinkindernahrung

Federführendes Amt: LUA Sachsen
Teilnehmende Ämter: LLB Brandenburg, LAVES – LI Oldenburg, LUA Speyer, LGL Oberschleißheim, CVUA Münster, CVUA Freiburg

Dioxine sind ubiquitär vorkommende Kontaminanten. Sie werden nicht absichtlich hergestellt, sondern sind vielmehr unerwünschte Nebenprodukte bei einer Vielzahl von industriellen und natürlichen Prozessen.

Im rechtlichen Sinne bezeichnet der Begriff „Dioxine" eine Gruppe von 75 polychlorierten Dibenzo-p-dioxin-Kongeneren (PCDD) und 135 polychlorierten Dibenzofuran-Kongeneren (PCDF), von denen 17 toxikologisch relevant sind. Am stärksten toxisch ist 2,3,7,8-Tetrachlordibenzo-p-dioxin („TCDD"), welches von der Internationalen Agentur für die Krebsforschung und anderen angesehenen internationalen Organisationen als bekanntes Humankarzinogen eingestuft wurde. Polychlorierte Biphenyle (PCB) sind eine Gruppe von 209 verschiedenen Kongeneren, die sich nach ihren toxikologischen Eigenschaften in zwei Gruppen unterteilen lassen: 12 Kongenere besitzen toxikologische Eigenschaften, die denen der Dioxine ähneln, weshalb diese als „dioxinähnliche PCB" bezeichnet werden. Die übrigen PCB weisen ein anderes toxikologisches Profil auf, welches demjenigen der Dioxine nicht ähnelt.

Jedes Kongener aus der Gruppe der Dioxine bzw. der dioxinähnlichen PCB ist in unterschiedlichem Maße toxisch. Um die Toxizität dieser unterschiedlichen Verbindungen aufsummieren zu können und um Risikobewertungen und Kontrollmaßnahmen zu erleichtern, wurde das Konzept der Toxizitätsäquivalenzfaktoren (TEF) eingeführt. Damit lassen sich die Analysenergebnisse sämtlicher toxikologisch relevanter Dioxin-Kongenere und dioxinähnlicher PCB-Kongenere als quantifizierbare Einheit ausdrücken, die als „Toxizitäts-Äquivalent" (WHO-PCDD/F-TEQ, WHO-PCB-TEQ, WHO-PCDD/F-PCB-TEQ) bezeichnet wird.

Dioxine, Furane und dioxinähnliche-PCB haben ähnliche chemische, physikalische und toxikologische Eigenschaften. Es handelt sich um lipophile Verbindungen, die sich im Fettgewebe von Tieren und Menschen anreichern. Auf Grund der hohen Stabilität und der schlechten Abbaubarkeit können sie über Jahrzehnte in der Umwelt verbleiben. Die Dioxinaufnahme des Menschen resultiert zu 95 % aus dem Dioxingehalt der Lebensmittel. Insbesondere tierische Lebensmittel, darunter Fleisch, Milch, Fisch und Eier, können in bedeutendem Maße zur Dioxinaufnahme des Menschen beitragen.

Derzeit existieren keine Festlegungen über spezielle Höchstgehalte für Dioxine und dioxinähnliche PCB in Säuglings- und Kleinkindernahrung. Die aktuellen Empfehlungen zum Dioxin-Monitoring beinhalten u. a. auch die Untersuchung derartiger Proben. Das Ziel des Projektes war es, die Belastung von Säuglings- und Kleinkindernahrung mit Dioxinen und dioxinähnlichen PCB zu untersuchen. Die dabei ermittelten Daten können ggf. bei Expositionsabschätzungen oder zur Festlegung von Höchstgehalten mit berücksichtigt werden.

Die Proben wurden hinsichtlich der 17 Kongenere der PCDD/F und der 12 dioxinähnlichen PCB untersucht, welche zur Ermittlung der WHO-Toxizitätsäquivalentkonzentration herangezogen werden. Im Weiteren wurden bei 22 Proben auch sechs nichtdioxinähnliche PCB (PCB 101, PCB 138, PCB 153, PCB 180, PCB 28, PCB 52) bestimmt, wie dies in der Empfehlung für das Monitoring angeregt wird. Die Bestimmungen erfolgten mittels HRGC/HRMS.

Es wurden im Rahmen dieses Projektes 125 Proben in Form von Komplettmahlzeiten für Säuglinge und Kleinkinder mit einem Anteil an tierischem Fett untersucht. Damit wurden solche Proben in das Projekt einbezogen, bei denen theoretisch das höchste Belastungsniveau zu erwarten war.

Der Hauptanteil der Proben entfiel auf Mahlzeiten mit Geflügel (57 Proben) und Mahlzeiten mit Schweinefleisch (24 Proben). Im Weiteren wurden noch Zubereitungen mit Fisch, Kalb- und Rindfleisch, sowie in sehr geringem Umfang Proben in Form von Süßspeisen mit Milcherzeugnissen bzw. Desserts/Pudding analysiert.

Vor dem Hintergrund der zu erwartenden sehr niedrigen

Tab. P04-1 WHO-Toxizitätsäquivalente (upper bound) für Dioxine und dioxinähnliche PCB in Säuglings- und Kleinkindernahrung.

Komplettmahlzeiten für Säuglinge und Kleinkinder	Anzahl Proben	Median (ng/kg)	Mittelwert (ng/kg)	90. Perzentil (ng/kg)	95. Perzentil (ng/kg)	Maximum (ng/kg)
Gesamt	125					
WHO-PCDD/F-TEQ		0,006	0,012	0,034	0,035	0,076
WHO-PCB-TEQ		0,009	0,010	0,018	0,022	0,053
WHO-PCDD/F-PCB-TEQ		0,015	0,022	0,051	0,062	0,086
Davon[1]						
Mahlzeiten mit Geflügel	57					
WHO-PCDD/F-TEQ		0,007	0,014	0,034	0,034	0,034
WHO-PCB-TEQ		0,006	0,009	0,018	0,018	0,030
WHO-PCDD/F-PCB-TEQ		0,018	0,023	0,051	0,051	0,052
Mahlzeiten mit Schweinefleisch	24					
WHO-PCDD/F-TEQ		0,004	0,009	0,028	0,067	0,076
WHO-PCB-TEQ		0,004	0,006	0,012	0,015	0,016
WHO-PCDD/F-PCB-TEQ		0,008	0,014	0,038	0,077	0,085

[1] Die restliche Proben waren Zubereitungen mit Fisch, Kalb- und Rindfleisch sowie Süßspeisen mit Milcherzeugnissen bzw. Desserts/Pudding.

	Proben mit bestimmbaren Gehalten	Mittelwert (µg/kg)	Median (µg/kg)	Maximum (µg/kg)
PCB 101	14	0,058	0,040	0,090
PCB 138	19	0,023	0,020	0,050
PCB 153	19	0,030	0,030	0,070
PCB 180	15	0,014	0,020	0,040
PCB 28	13	0,085	0,060	0,070
PCB 52	14	0,105	0,125	0,150

Tab. P04-2 Nicht-dioxinähnliche PCB in Säuglings- und Kleinkindernahrung (Probenzahl: 22).

Gehalte wurde von allen am Projekt beteiligten Laboren ein Ringversuch mit einer Rindfleischzubereitung durchgeführt. In diesem Rahmen wurden auch die Blindwerte erfasst.

Es ist festzustellen, dass die im Rahmen des Monitorings ermittelten Gehalte an Dioxinen und dioxinähnlichen PCB sehr gering sind, aber sich von den erfassten Blindwerten abheben.

In Tabelle P04-1 sind die Ergebnisse in Form der WHO-Toxizitätsäquivalente für die gesamten untersuchten Proben sowie beispielhaft für Mahlzeiten mit Geflügel und Schweinefleisch dargestellt. Die Ergebnisse bezüglich der nichtdioxinähnlichen-PCB sind in Tabelle P04-2 aufgezeigt. Die gemessenen Konzentrationen beziehen sich auf die komplette Mahlzeit (verzehrsfertiges Produkt), wie sie im Handel angeboten wurde. Für die Einschätzung des Belastungsniveaus ist anzuführen, dass der niedrigste regulatorische Wert derzeit bei 0,4 ng/kg für WHO-PCDD/F-TEQ und 0,2 ng/kg für WHO-PCB-TEQ (Auslösewerte für Obst, Gemüse, Getreide) liegt.

Fazit

Die Ergebnisse zeigen, dass Dioxine und dioxinähnliche PCB in Komplettmahlzeiten für Säuglinge und Kleinkinder nur in sehr geringen Konzentrationen vorkommen. Im Sinne des vorbeugenden gesundheitlichen Verbraucherschutzes ist die Sicherung einer geringen Belastung von Lebensmitteln für besonders sensible Verbraucher wie Säuglinge und Kleinkinder besonders wichtig.

6.5

Projekt 05: Pflanzenschutzmittelrückstände aus Einzelfruchtanalysen von Paprika

Federführendes Amt: LGL Erlangen
Teilnehmende Ämter: CGI Essen, LSH Neumünster,
LAVES – LI Oldenburg,
LALLF Rostock, CVUA Stuttgart

Entsprechend der KÜP-Empfehlung[8] für das Jahr 2006 sollten für die Analyse von Pflanzenschutzmitteln mit einem höheren

toxischen Potenzial zwei Laborproben zur Verfügung stehen, um bei nachweisbaren Rückständen in der ersten Laborprobe die Einheiten der zweiten Laborprobe einzeln analysieren zu können. Die Untersuchung einzelner Einheiten soll eine realistischere Abschätzung der tatsächlichen kurzfristigen Exposition des Verbrauchers ermöglichen. In der Praxis der amtlichen Lebensmittelüberwachung wird aber üblicherweise eine aus mindestens zehn Einzelfrüchten homogenisierte Mischprobe untersucht. Für die Abschätzung eines möglichen kurzfristigen Risikos wird deshalb ein Modell verwendet, bei dem ein Variabilitätsfaktor eine ungleiche Verteilung der Rückstände in den einzelnen Früchten berücksichtigen soll[9].

Das Projekt wurde gemäß der EU-Empfehlung an Paprika durchgeführt und sollte grundsätzliche Informationen zur Praktikabilität und Relevanz von Einzelfruchtanalysen und ihrem Aussagewert liefern. Die Einzelfruchtanalysen wurden ohne vorhergehende Untersuchung einer Mischprobe durchgeführt, um auch geringe Rückstände auf einzelnen Früchten sicher zu erfassen, die sonst möglicherweise wegen eines „Verdünnungseffekts" unentdeckt bleiben. Als Proben für das Projekt sollte Paprika aus Spanien dienen, da hier erfahrungsgemäß nur in seltenen Fällen keine Rückstände zu erwarten waren. Auf Grund der geringen Probenmenge pro Frucht wurde zur Aufarbeitung die QuEChERS-Methode[9] vorgeschlagen, um ein breites Stoffspektrum von Pflanzenschutzmitteln analysieren zu können.

Insgesamt wurden im Rahmen des Projekts 21 Proben mit jeweils zehn Einzelfrüchten auf maximal 396 Wirkstoffe untersucht. Das mindestens geforderte Stoffspektrum umfasste 108 Analyten. Zwei Proben kamen aus den Niederlanden, alle weiteren aus Spanien. Die beiden niederländischen und zwei spanische Proben wiesen in keiner einzigen Einzelfrucht nachweisbare Rückstände auf. Die 17 verbliebenen Proben wiesen insgesamt einen bis 18 Rückstände auf, der maximale Gesamtrückstandsgehalt in einer Probe betrug 1,13 mg/kg bei elf Rückständen. Bei vier Proben lagen die Rückstandsgehalte bezogen

---

[8] Empfehlung der Kommission vom 18. Januar 2006 betreffend ein koordiniertes Überwachungsprogramm der Gemeinschaft für 2006 für die Einhaltung der Höchstgehalte von Pestizidrückständen in oder auf Getreide und bestimmten Erzeugnissen pflanzlichen Ursprungs sowie die einzelstaatlichen Überwachungsprogramme für 2007 (2006/26/EG), ABl. L 19 vom 24.01.2006, S. 23-29.

[9] Banasiak, U., Heseker, H., Sieke, C., Sommerfeld, C. und Vohmann, C. (2005) Abschätzung der Aufnahme von Pflanzenschutzmittel-Rückständen in der Nahrung mit neuen Verzehrsmengen für Kinder, Bundesgesundheitsbl – Gesundheitsforsch -Gesundheitsschutz 48:84–98.

[10] Anastassiades, M. (2006) QuEChERS – A Mini-Multiresidue Method for the Analysis of Pesticide Residues in Low-Fat Products, http://www.quechers.com, Stuttgart.

Tab. P05-1 Ergebnisse der Einzelfruchtanalyse einer als Beispiel ausgewählten Paprikaprobe (Gehalte und Bestimmungsgrenzen in mg/kg).

Einzelfrucht	Fludioxonil	Imidacloprid	Lufenuron	Mercapto-dimethur	Procymidon	Tebuconazol	Tolylfluanid
1	n.d.	0,04	0,02	n.d.	0,13	0,04	n.d.
2	n.d.	0,03	n.d.	n.d.	0,03	n.d.	n.d.
3	0,02	0,06	n.d.	0,02	0,06	0,03	n.d.
4	n.d.	0,02	n.d.	n.d.	0,04	n.d.	n.d.
5	n.d.	0,02	0,02	n.d.	0,05	0,03	0,04
6	n.d.	0,04	n.d.	n.d.	0,02	n.d.	n.d.
7	n.d.	0,03	n.d.	n.d.	0,08	0,02	n.d.
8	n.d.	0,03	n.d.	n.d.	0,03	0,02	n.d.
9	n.d.	0,03	n.d.	n.d.	0,06	n.d.	n.d.
10	n.d.	0,04	n.d.	n.d.	0,08	0,02	n.d.
Mittelwert	0,002	0,034	0,004	0,002	0,058	0,016	0,004
Maximum	0,02	0,06	0,02	0,02	0,13	0,04	0,04
Bestimmungsgrenze	0,01	0,01	0,01	0,01	0,01	0,01	0,01

n.d. = nicht detektiert

auf die Gesamtprobe über den zulässigen Höchstmengen; es handelte sich um Rückstände der Stoffe Acrinathrin, Dichlorvos, Lufenuron und Mercaptodimethur.

In den 17 rückstandshaltigen Proben wurden insgesamt 133 Rückstände von 47 Stoffen nachgewiesen. Als Beispiel sind die Ergebnisse der Einzelfruchtanalyse einer repräsentativen Paprikaprobe in Tabelle P05-1 angegeben. Imidacloprid und Procymidon wurden hier in allen Einzelfrüchten nachgewiesen. Andere Rückstände wurden nur in einer der Einzelfrüchte gefunden (Fludioxonil, Mercaptodimethur, Tolylfluanid).

Nachdem die Einzelfruchtanalysen insbesondere der Abschätzung eines möglichen akuten Risikos von Pflanzenschutzmittel-Rückständen dienen sollen, wurde die Ausschöpfung der akuten Referenzdosis (ARfD; kurzfristig verzehrbare Substanzmenge ohne erkennbares Gesundheitsrisiko) berechnet, wenn für den Stoff eine ARfD verfügbar war[11]. Bei den Mittelwerten der Rückstandsgehalte für die Proben wurde diese Abschätzung nach dem üblicherweise verwendeten Modell mit dem für Paprika vorgeschlagenen Variabilitätsfaktor sieben vorgenommen, bei den Maximalwerten der Einzelfrüchte blieb der Faktor unberücksichtigt.

Bei vier der 133 Rückstände führten die Maximalgehalte in einer Frucht zu einer höheren Expositionsabschätzung als bei der Verwendung der Mittelwerte und der Berücksichtigung des Variabilitätsfaktors. Dabei handelte es sich um die Stoffe Acrinathrin, Mercaptodimethur und Tolylfluanid (zweimal).

Die abgeschätzte Exposition war jedoch in allen Fällen sehr niedrig und die ARfD wurde unabhängig von der Berechnungsform nur zu höchstens 12 % ausgeschöpft (Tab. P05-2).

Bei zwei Rückständen wurde die ARfD zu mehr als 100 % ausgeschöpft, wenn man die Mittelwerte der Rückstandsgehalte unter Verwendung des Variabilitätsfaktors für die Berechnung heranzog (Dichlorvos mit 189 % und Mercaptodimethur mit 268 %, s. Tabelle P05-2). In einem solchen Fall wird der gesundheitliche Sicherheitsabstand für nicht ausreichend erachtet und eine entsprechende Mitteilung über das europäische Schnellwarnsystem empfohlen. Nach der Berechnung mit dem gefundenen Maximalgehalt lag die verzehrte Stoffmenge für den Dichlorvos-Rückstand unterhalb der ARfD (43 % Ausschöpfung), bei Mercaptodimethur dagegen ebenfalls über der ARfD (184 %). Im Ergebnis zeigt sich, dass durch eine Bewertung mit dem üblicherweise in der Überwachungspraxis verwendeten Berechnungsmodell ein hohes Schutzpotenzial für den Verbraucher gegeben ist.

Fazit

Die Untersuchungen haben gezeigt, dass Einzelfruchtanalysen mit den modernen Methoden unproblematisch durchgeführt werden können. Durch den direkten Einstieg in die Einzelfruchtanalysen werden wahrscheinlich mehr Rückstände erkannt als auf Grund des Verdünnungseffekts in vorhergehenden Untersuchungen von Mischproben.

Lediglich für vier von 133 Rückständen (3 %) sind bei den Modellrechnungen mit den Maximalgehalten höhere Expositionen als bei den üblichen Verfahren unter Verwendung von Variabilitätsfaktoren. Diese wirkten sich jedoch in allen Fällen auf Grund der niedrigen ARfD-Ausschöpfungen nicht entscheidend auf die Beurteilung des akuten Risikos aus. Bei den

---

[11] Bundesinstitut für Risikobewertung (BfR 2006) Expositionsgrenzwerte für Rückstände von Pflanzenschutzmitteln in Lebensmitteln – Information des BfR vom 4. Januar 2006 (aktualisiert am 30. Januar 2007), http://www.bfr.bund.de/cm/218/grenzwerte_fuer_die_gesundheitliche_bewertung_von_pflanzenschutzmittelrueckstaenden.pdf

Tab. P05-2 Gehalte und ARfD-Ausschöpfungen ausgewählter Rückstände.

Wirkstoff	Mittelwert (mg/kg)	Maximalgehalt (mg/kg)	ARfD-Ausschöpfung für Mittelwert (Faktor berücksichtigt)	ARfD-Ausschöpfung für Maximalgehalt (Faktor unberücksichtigt)
Rückstände mit höherer Exposition bei Modellrechnung mit Maximalgehalten				
Acrinathrin	0,011	0,090	2%	3%
Mercaptodimethur	0,027	0,27	8%	12%
Tolylfluanid	0,002	0,020	0%	0%
Tolylfluanid	0,004	0,040	0%	0%
Rückstände mit ARfD-Ausschöpfung > 100%				
Dichlorvos	0,15	0,24	189%	43%
Mercaptodimethur	0,85	4,1	268%	184%

beiden Rückständen, bei denen ein akutes Gesundheitsrisiko auf Grund der ARfD-Ausschöpfung nicht mit der gebotenen Sicherheit auszuschließen war, stellte das üblicherweise verwendete Berechnungsmodell den für den Verbraucher sichereren Bewertungsansatz dar.

In der Bewertung der Relevanz der Einzelfruchtanalysen steht der hohe Aufwand (zehn eigenständige Aufarbeitungen und Messungen) dem Informationsgewinn für die Beurteilung des akuten Risikos gegenüber. In keinem der untersuchten Fälle wurde durch die Einzelfruchtanalysen eine Exposition festgestellt, die mit einem höheren akuten Risiko für den Verbraucher zu bewerten war.

Für eine umfassendere Datenlage sollten mehr Proben und insbesondere auch andere Lebensmittel analysiert werden, um darüber tatsächliche Expositionen realistischer abschätzen zu können.

6.6

Projekt 06: Pharmakologisch wirksame Stoffe in Aalen

Federführendes Amt: CVUA Karlsruhe
Teilnehmende Ämter: ILAT Berlin, LAVES – IfF Cuxhaven, LLB Brandenburg, CVUA Freiburg, LALLF Rostock, LAV Halle

Während die Wildfänge bei Aalen ständig zurückgegangen sind, werden derzeit fast 95% des Weltaufkommens (ca. 250 000 t) in Aquakulturen erzeugt. Durch die engen räumlichen Haltungsbedingungen ist der Infektionsdruck durch Viren, Bakterien und Pilze sehr groß. Um wirtschaftliche Verluste zu vermeiden, werden in der Aquakultur sehr häufig Antibiotika mit einem möglichst breiten Wirkungsspektrum eingesetzt. Dafür eignen sich besonders das Antibiotikum Chloramphenicol und das Chemotherapeutikum Malachitgrün.

Chloramphenicol erzeugt in sehr seltenen Fällen eine schwere Blutbildungsstörung (aplastische Anämie) beim Menschen. Die Anwendung von Chloramphenicol ist deshalb bei Tieren, die der Lebensmittelgewinnung dienen, nach der Verordnung (EWG) 2377/90 in der EU verboten. Für Labormethoden zur Untersuchung auf Chloramphenicolrückstände wurde eine mindestens zu erreichende Leistungsgrenze (MRPL) von 0,3 µg/kg festgelegt.

Malachitgrün gehört wie Brilliantgrün und Kristallviolett chemisch in die Gruppe der Triphenylmethanfarbstoffe. Wegen seiner starken antibakteriellen, fungiziden und antiparasitären Eigenschaften wird Malachitgrün bei Zierfischen und in gewerblichen Teichwirtschaften sehr häufig zur Behandlung und Prophylaxe der verschiedensten Krankheiten eingesetzt. Malachitgrün wird in den Fischen sehr schnell zu dem farblosen Leukomalachitgrün metabolisiert. Malachitgrün und Leukomalachitgrün sind als genotoxisch und/oder krebserregend zu betrachten; deshalb ist die Anwendung von Malachitgrün bei Fischen, die der Lebensmittelgewinnung dienen, EU-weit nicht erlaubt[12].

Zur Überprüfung der Rückstandssituation dieser pharmakologisch wirksamen Stoffe bei Aalen aus Aquakulturen wurden 66 frische Aale und 17 geräucherte Aale untersucht. Für Chloramphenicol ließen sich keine Rückstände nachweisen. Auch bei Malachitgrün bzw. Leukomalachitgrün wurden nur bei drei frischen Aalen ganz geringe Konzentrationen unterhalb der Bestimmungsgrenze festgestellt.

Fazit

Gegenüber sehr hohen Befunden an Malachitgrün bzw. Leukomalachitgrün in den Vorjahren von zum Beispiel 4000 µg/kg wurden im Untersuchungszeitraum 2006 nur in wenigen Fällen und dann auch nur in sehr geringen Konzentrationen Malachitgrünrückstände nachgewiesen. Auch wenn in Deutschland nur sehr wenig Aal aus Aquakulturen angeboten wird, sollte aufgrund der potenziellen Gesundheitsgefährdung und wegen des hohen Missbrauchpotenzials die Rückstandssituation von nicht zugelassenen Arzneimitteln bei Aalen weiter beobachtet werden.

---

[12] AFC (2005) Gutachten des Wissenschaftlichen Gremiums AFC für eine Beurteilung der Toxikologie mehrere Farbstoffe, die illegal in Lebensmitteln in der EU vorkommen.
(http://www.efsa.europa.eu/de/science/afc/afc_opinions/1127.html)

Tab. P07-1 Untersuchungsergebnisse für OTA in getrockneten Früchten (außer Weintrauben).

Art der Trockenfrüchte	Anzahl	nn	nb	b	Mittelwert (µg/kg)	90. Perzentil (µg/kg)	95. Perzentil (µg/kg)	Maximalwert (µg/kg)	>HM	>HM (%)
Beerenobst	8	6		2	0,411			1,960		
Kernobst	10	9		1	0,030	0,270		0,300		
Steinobst	170	134	26	10	0,029	0,100	0,200	0,800		
Exotische Früchte (Bananen, Feigen, Datteln, Mango und Papaya)	102	66	8	28	1,026	4,275	8,141	14,000	5	5
Obstmischungen	21	18	2	1	0,028	0,090	0,406	0,440		
Gesamtzahl	311	233	36	42					5	1,6

nn: < Nachweisgrenze (0,1 µg/kg), nb: ≤ Bestimmungsgrenze (0,2 µg/kg), b: > Bestimmungsgrenze, HM: Höchstmenge.

6.7
Projekt 07: Ochratoxin A in Trockenobst außer Weintrauben

Federführendes Amt:	CVUA Sigmaringen
Teilnehmende Ämter:	CUA Bochum, IfLU Moers, AfV Düsseldorf, LLB Brandenburg, LGL Oberschleißheim, CVUA Stuttgart, LAV Halle/S., TLLV Bad Langensalza, LUA Dresden, LALLF Rostock, LAVES – LI Braunschweig

Das Schimmelpilzgift OTA wird von unterschiedlichen Spezies der Gattungen Penicillium und Aspergillus gebildet. Es handelt sich um typische Lagerpilze, die sich auch in gemäßigten Klimaregionen entwickeln können. OTA wirkt überwiegend nierentoxisch, genotoxisch (giftig für die Erbsubstanz), teratogen (Fehlbildung erzeugend) und immunsupressiv (Unterdrückung des Immunsystems). Problematisch ist die lange Halbwertzeit im tierischen und menschlichen Organismus; nach dem Verzehr kontaminierter Produkte wird das Toxin nur sehr langsam aus dem Körper ausgeschieden.

EU-weit gelten Höchstgehalte für Getreide und Getreideerzeugnisse, getrocknete Weintrauben, Kaffee, Wein und weinhaltige Getränke, Traubensaft und Säuglingsnahrung. Regelungen für andere Trockenfrüchte als getrocknete Weintrauben, für Bier, Grünen Kaffee, Kakao und Kakaoerzeugnisse, Gewürze und Süßholz stehen noch aus.

In der Mykotoxin-Höchstmengenverordnung sind jedoch Höchstmengen für Trockenobst (außer Trauben und Feigen) von 2 µg/kg bzw. für Feigen von 8 µg/kg festgelegt. Im vorliegenden Projekt sollte die Kontaminationssituation bei diesen Erzeugnissen bundesweit ermittelt werden.

Insgesamt liegen Untersuchungsergebnisse für 311 Proben vor, die in Tabelle P07-1 zusammengestellt sind. In 233 Proben (75%) war OTA nicht nachweisbar, bei 36 Proben (11,5%) lag der Gehalt unter der Bestimmungsgrenze, die übrigen 42 Proben (13,5%) wiesen in Abhängigkeit von der Art des getrockneten Obstes teilweise recht hohe Gehalte an OTA auf.

Weitgehend unauffällig sind die Ergebnisse bei Kernobst und Trockenobst-Mischungen, während eine Probe Cranberries mit einem Gehalt vom 1,96 µg/kg knapp unterhalb der nationalen Höchstmenge lag. Überschreitungen der Höchstmenge lagen ausschließlich bei Feigen vor (s. Tab. P07-1); fünf Proben (8% der untersuchten Feigen) enthielten bis zu 14 µg OTA pro Kilogramm.

Fazit
Diese Befunde bestätigen die im Rahmen von Routineuntersuchungen beobachtete Situation und machen erneut deutlich, dass im Rahmen des vorbeugenden Verbraucherschutzes EU-weit unbedingt ein Höchstgehalt für OTA in Feigen festgelegt werden muss. Darüber hinaus ist die regelmäßige, ganzjährige Untersuchung von Feigen auf OTA weiterhin erforderlich, während die OTA-Kontamination der übrigen exotischen Früchte bedingt durch die geringe Verzehrsmenge als vernachlässigbar einzuschätzen ist. Der erwähnte auffällige Befund für Cranberries sollte wegen der wachsenden Bedeutung dieser Früchte auf dem europäischen Markt durchaus weiterverfolgt werden.

6.8
Projekt 08: Herbizid-Rückstände in bestimmten Gemüsearten

Federführendes Amt:	CVUA Stuttgart
Teilnehmende Ämter:	CUA Hagen, LAVES – LI Oldenburg

Das Projekt Herbizid-Rückstände in bestimmten Gemüsearten war ein auf zwei Jahre ausgelegtes Untersuchungsprogramm, im Rahmen dessen Informationen über das Vorkommen und die Gehalte von Herbiziden gewonnen werden sollten, da zu Projektbeginn nur sehr wenig Rückstandsdaten zu dieser mengenmäßig am meisten ausgebrachten Gruppe von Pflanzenschutzmittelwirkstoffen vorlagen. Hauptanwendungsgebiete für Herbizide stellen Getreide-, Raps- und Zuckerrübenkulturen dar, sie werden jedoch auch in Gemüsekulturen insbesondere den Kulturen, die maschinell beerntet werden, eingesetzt.

Tab. P08-1 Rückstände in bestimmten Gemüsearten (2006).

Gemüseart	Anzahl Proben	Proben mit Rückständen	Proben mit Gehalten über der Höchstmenge	Proben mit Mehrfachrückständen
Wurzelgemüse	63	20 (32%)	3 (5%)	12 (19%)
Mohrrübe	28	12 (43%)	1 (4%)	9 (32%)
Rote Bete	35	8 (23%)	2 (6%)	3 (9%)
Fruchtgemüse	50	16 (32%)	1 (2%)	8 (16%)
Bohne, grüne	50	16 (32%)	1 (2%)	8 (16%)
Sprossgemüse	15	11 (73%)	1 (7%)	8 (53%)
Fenchel	15	11 (73%)	1 (7%)	8 (53%)
Blattgemüse	78	49 (63%)	9 (12%)	31 (40%)
Basilikum	1	0	0	0
Bohnenkraut	5	3 (60%)	0	1 (20%)
Dill	8	4 (50%)	1 (13%)	2 (25%)
Endivie	28	19 (68%)	4 (14%)	16 (57%)
Kerbel	1	1*	0	0
Koriander	1	1*	0	1*
Mangold	10	8 (80%)	1 (10%)	5 (50%)
Petersilienblätter	24	13 (54%)	3 (13%)	6 (25%)
Summe	**206**	**96 (47%)**	**14 (7%)**	**59 (29%)**

* Datenbasis für prozentuale Auswertung zu gering

Insgesamt wurden im Zeitraum 2005 bis 2006 415 Proben verschiedener Gemüsearten auf ein Pflichtstoffspektrum von 75 Herbiziden sowie weiterer (max. 500) Pflanzenschutzmittelwirkstoffe untersucht; 209 Proben Blatt- und Wurzelgemüse im Jahr 2005 und 206 Proben Blatt-, Frucht-, Spross- und Wurzelgemüse in diesem Berichtsjahr.

47% der in 2006 untersuchten Proben wiesen Rückstände von 49 verschiedenen Pestiziden auf, wovon 19 Wirkstoffe (39%) zu den Herbiziden aus dem Pflichtstoffspektrum gehörten. In 14 Gemüseproben (Blattgemüse (9x), Fruchtgemüse (1x), Sprossgemüse (1x), Wurzelgemüse (3x)) wurden Rückstandsgehalte festgestellt, die über den jeweils gesetzlich festgelegten Höchstmengen lagen, wovon 7 auf überhöhte Herbizidrückstände zurückzuführen waren. Die Untersuchungsergebnisse sind in Tabelle P08-1 differenziert nach Gemüseart dargestellt.

In Tabelle P08-2 sind die Häufigkeiten und Rückstandsgehalte der in den untersuchten Proben nachgewiesenen Herbizidrückstände differenziert nach Gemüseart dargestellt. Diese Ergebnisse zeigen wieder, dass die Wirkstoffe aus der Substanzklasse der Herbizide häufig als Rückstände in Gemüse anzutreffen sind. Wie bereits im Vorjahr handelt es sich bei nahezu jedem dritten nachgewiesenen Pflanzenschutzmittelwirkstoff um ein Herbizid (86 von 282 quantifizierten Rückstandsbefunden). Allerdings sind die bestimmten Herbizid-Rückstandsgehalte in den meisten Fällen sehr klein. 68 von 86 Befunden

(79%) liegen unterhalb 0,05 mg/kg Lebensmittel. Lediglich eine Probe Petersilienblätter wies einen Rückstandsgehalt an 2,4-D über 0,5 mg/kg auf. Das Spektrum der verschiedenen nachgewiesenen Herbizide ist bei Blattgemüse wesentlich größer als bei den übrigen Gemüsearten, so wurden in 78 Proben Blattgemüse 15 verschiedene Herbizidwirkstoffe nachgewiesen, in 63 Proben Wurzelgemüse sechs, in 15 Proben Sprossgemüse fünf und in 50 Proben Fruchtgemüse lediglich zwei verschiedene Herbizidwirkstoffe (Tab. P08-2).

Zusammenfassung der Untersuchungsergebnisse 2005–2006

In Tabelle P08-3 sind die Ergebnisse der Untersuchung von 415 Proben bestimmter Gemüsearten hinsichtlich des Vorkommens und der Häufigkeit nachgewiesener Herbizide zusammengefasst. Insgesamt wurden 23 verschiedene Herbizid-Wirkstoffe 159 mal quantifiziert, dabei lagen die Gehalte von 120 der 159 positiven Befunde unterhalb von 0,05 mg/kg Gemüse. Bei 10 von 415 Proben (2,4%) lagen die Herbizidgehalte über der jeweils gesetzlich festgelegten Höchstmenge.

Besonders auffällig war, wie Abbildung P08-01 zeigt, dass das Herbizid Linuron, welches in Deutschland nur in Ausnahmefällen angewendet werden darf, in einheimischen Proben mit Abstand am häufigsten nachgewiesen wurde (55 von insgesamt 71 Linuron-Befunden).

Tab. P08-2 Häufigkeiten und Rückstandsgehalte von Herbizidrückständen (2006).

Herbizid	Anzahl Befunde	Befunde in Blattgemüse	Befunde in Fruchtgemüse	Befunde in Sprossgemüse	Befunde in Wurzelgemüse	<0,01 mg/kg	<0,02 mg/kg	<0,05 mg/kg	<0,1 mg/kg	<0,2 mg/kg	<1 mg/kg	Maximum (mg/kg)	Befunde über der Höchstmenge
Linuron	18	7		3	8	12	2	2	0	2	0	0,11	1
Fluazifop	17	1	6	1	9	3	2	4	4	1	3	0,33	3
Pendimethalin	16	8		2	6	12	1	2	1	0	0	0,05	0
Propyzamid	7	7				5	2	0	0	0	0	0,017	0
2,4-D	6	6				0	0	2	3	0	1	0,775	1
Chloridazon	5	3			2	4	0	0	0	1	0	0,13	0
Ethofumesat	4	3			1	3	1	0	0	0	0	0,011	0
Haloxyfop	2		1		1	1	0	0	0	0	1	0,39	1
Metobromuron	2	2				1	0	1	0	0	0	0,025	0
Clomazone	1			1		1	0	0	0	0	0	0,002	0
Desmedipham	1	1				1	0	0	0	0	0	0,007	0
Dimethenamid	1			1		1	0	0	0	0	0	0,002	0
Lenacil	1	1				0	0	0	0	1	0	0,19	1
Methabenzthiazuron	1	1				1	0	0	0	0	0	0,002	0
Phenmedipham	1	1				0	0	1	0	0	0	0,027	0
Prosulfocarb	1	1				0	1	0	0	0	0	0,014	0
Terbutylazin	1	1				1	0	0	0	0	0	0,004	0
Terbutylazin, Desethyl-	1	1				1	0	0	0	0	0	0,002	0
Summe Herbizidbefunde	**86**	**44**	**7**	**8**	**27**	**47**	**9**	**12**	**8**	**5**	**5**		**7**

Tab. P08-3 Herbizid-Rückstände in bestimmten Gemüsearten – Zusammenfassung der Untersuchungsergebnisse (2005-2006).

Herbizid	Gesamt-anzahl Befunde	Gehalte <0,05 mg/kg	Befunde in Blattgemüse	Befunde in Wurzelgemüse	Befunde in Fruchtgemüse	Befunde in Sprossgemüse
Linuron	71	51	19	49		3
Fluazifop	17	9	1	9	6	1
Pendimethalin	20	18	12	6		2
Propyzamid	10	9	10			
2,4-D	6	2	6			
Chloridazon	5	4	3	2		
Ethofumesat	4	4	3	1		
Haloxyfop	3	1	1	1	1	
Metobromuron	4	4	4			
Clomazone	3	3		2		1
Desmedipham	1	1	1			
Dimethenamid	1	1				1
Lenacil	2	1	2			
Methabenzthiazuron	2	2	2			
Phenmedipham	1	1	1			
Prosulfocarb	1	1	1			
Terbutylazin	1	1	1			
Terbutylazin, Desethyl-	1	1	1			
Trifluralin	2	2	2			
Clopyralid	1	1	1			
Diuron	1	1	1			
Ioxynil	1	1	1			
Quizalofop	1	1		1		
Anzahl verschiedener Herbizide	**23**		**20**	**8**	**2**	**5**
Summe Herbizidbefunde	**159**	**120**	**73**	**71**	**7**	**8**

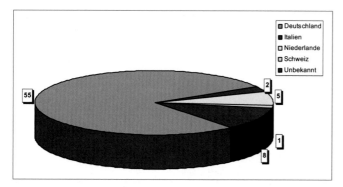

Abb. P08-01 Anzahl Linuron-Befunde in Gemüsearten differenziert nach Herkunftsland (Untersuchungsergebnisse 2005–2006).

Fazit

Die Untersuchungen bestimmter Gemüsearten auf Herbizid-Rückstände in den letzten beiden Jahren haben gezeigt, dass die Substanzklasse der Herbizide nicht nur mengenmäßig zu den am meisten ausgebrachten Pflanzenschutzmittelwirk-stoffen gehören, sondern dass diese auch sehr häufig als Rück-stände in Gemüse bestimmt werden; bei nahezu jedem dritten nachgewiesenen Wirkstoff handelt es sich um ein Herbizid. Das Spektrum der verschiedenen nachgewiesenen Herbizide ist bei Fruchtgemüse am kleinsten, bei Blattgemüse mehr als doppelt so groß wie bei den übrigen Gemüsearten. Insgesamt sind die nachgewiesenen Herbizid-Rückstandsgehalte sehr klein und liegen bei 75 % der Befunde unterhalb von 0,05 mg/kg Lebensmittel. Hinsichtlich Höchstmengenüberschreitungen

Tab. P09-1 Herkunft der Rucolaproben.

Herkunftsstaat	Italien	Deutschland	Griechenland	Marokko	Israel	Unbekannt
Probenanzahl	91	77	5	1	1	1

Tab. P09-2 Auswertung des gesamten Probenkontingents.

Parameter (Bestimmungsgrenze in mg/kg)	Anzahl Messwerte	Anzahl < Bestimmungsgrenze	Mittelwert (mg/kg)	Median (mg/kg)	90.Perzentil (mg/kg)	95.Perzentil (mg/kg)	Maximalwert (mg/kg)	Anzahl Höchstmengenüberschreitungen
Bromid (1,0)	154	17	22	5,5	40	101	359	9
Schwefelkohlenstoff (0,25)	176	9	1,7	0,5	4,8	8,5	23	17
Nitrat (20)	176	0	4252	4250	6050	6686	9204	

Tab. P09-3 Auswertung der Proben italienischer Herkunft.

Herkunft Italien	Anzahl Messwerte	Anzahl < Bestimmungsgrenze	Mittelwert (mg/kg)	Median (mg/kg)	90.Perzentil (mg/kg)	95.Perzentil (mg/kg)	Maximalwert (mg/kg)	Anzahl Höchstmengenüberschreitungen
Bromid	72	2	40	14,4	101	205	359	9
Schwefelkohlenstoff	92	4	2,4	0,6	7,9	9,8	23,3	12
Nitrat	91	0	4604	4560	6075	6680	9204	

Tab. P09-4 Auswertung der Proben deutscher Herkunft.

Herkunft Deutschland	Anzahl Messwerte	Anzahl < Bestimmungsgrenze	Mittelwert (mg/kg)	Median (mg/kg)	90.Perzentil (mg/kg)	95.Perzentil (mg/kg)	Maximalwert (mg/kg)	Anzahl Höchstmengenüberschreitungen
Bromid	76	13	4,2	2,7	8	17,6	40	0
Schwefelkohlenstoff	78	3	1,3	0,6	3	5,1	10,1	5
Nitrat	77	0	3908	3770	5486	6023	7760	

Tab. P09-5 Auswertung der Proben aus ökologischem Anbau.

Ökologischer Anbau	Anzahl Messwerte	Anzahl < Bestimmungsgrenze	Mittelwert (mg/kg)	Median (mg/kg)	90.Perzentil (mg/kg)	95.Perzentil (mg/kg)	Maximalwert (mg/kg)	Anzahl Höchstmengenüberschreitungen
Bromid	8	2	7,1	6,8			17,8	0
Schwefelkohlenstoff	7	0	0,7	0,3	1,7		1,9	0
Nitrat	8	0	4705	4647	5411		5415	

und toxikologischer Relevanz spielen diese nur eine untergeordnete Rolle. Die Untersuchungsergebnisse verdeutlichen jedoch auch, dass Herbizide aufgrund vorhandener Beanstandungen und der Häufigkeit, mit der diese in Gemüse nachgewiesen wurden, einen nicht zu vernachlässigenden Beitrag zur Gesamtbelastung der Lebensmittel mit Pestiziden leisten. Wirkstoffe aus der Substanzklasse der Herbizide sollten daher auf jeden Fall im Untersuchungsspektrum eines Pestizidrückstandslabors enthalten sein.

6.9
Projekt 09: Bromid-, Nitrat- und Schwefelkohlenstoffgehalte in Rucola

Federführendes Amt:	LSH Neumünster
Teilnehmende Ämter:	CUI Wuppertal, AfV Düsseldorf, AfV Mettmann, CLUA Aachen, CEL Recklinghausen, LUA Speyer, LUA Chemnitz, LAV Halle, TLLV Erfurt

Im Rahmen der amtlichen Rückstandsuntersuchungen werden bei Rucola häufig Höchstmengenüberschreitungen an Bromid, insbesondere bei italienischer Herkunft, festgestellt. Im Jahre 2004 wurden innerhalb des Warenkorb-Monitorings 45 Proben Rucola auf Pflanzenschutzmittel und Nitrat untersucht, allerdings nicht auf Bromid. Aufgrund der Befunde an Schwefelkohlenstoff wurden 96% der Proben Dithiocarbamatrückstände zugeordnet, obwohl Rucola zu den Brassicaceae und damit zu den senfölhaltigen Pflanzen gehört. Die Problematik der summarischen Bestimmung der Dithiocarbamatfungizide als Schwefelkohlenstoff nach Hydrolyse ergibt sich bei Brassicaceae aus dem natürlichen Gehalt an Senfölglykosiden, die bei einer Hydrolyse ebenfalls Schwefelkohlenstoff freisetzen.

Durch gezielte Beprobung verschiedener Herkünfte, sowie von Ware aus ökologischem Anbau können die Befunde aus 2004 ergänzt, die Nitrat- und Bromidsituation dargestellt, sowie die Dithiocarbamatbefunde differenzierter interpretiert werden. Dazu sollten Proben mit den Herkünften Italien und Deutschland, sowie aus ökologischem und konventionellem Anbau entnommen werden. Zusätzlich konnten vergleichende Bestimmungen des Schwefelkohlenstoffgehaltes nach Tiefkühlung des Probenmaterials zur Ermittlung des Einflusses dieser Bearbeitungsmaßnahme sowie weitere Untersuchungen auf Pflanzenschutzmittel durchgeführt werden. Es wurden insgesamt 176 Proben mit Herkünften gemäß Tabelle P09-1 untersucht, davon entstammten 8 Proben dem ökologischen Anbau.

Die Auswertung für Bromid, Schwefelkohlenstoff und Nitrat für alle Herkünfte und Anbauvarianten entspricht den Erwartungen: Während die Nitratwerte einer Normalverteilung unterliegen, zeigt der Vergleich der Median- und Mittelwerte bei den Bromid- und Schwefelkohlenstoffgehalten, dass diese Verteilungen mehr von höheren Einzelwerten geprägt sind. Alle Proben weisen Nitratgehalte auf, während hinsichtlich der Bromid- und Schwefelkohlenstoffgehalte rückstandsfreie Anteile von 10 bzw. 5% zu verzeichnen sind. Der Anteil der Höchstmengenüberschreitungen beträgt 6% bei Bromid und

10% bei Schwefelkohlenstoff, die Nitratwerte bewegen sich auf hohem Niveau, eine Höchstmenge existiert nicht.

Der Vergleich der Herkünfte Italien und Deutschland zeigt durchgängig höhere Werte bei der Herkunft Italien, Höchstmengenüberschreitungen bei Bromid kommen ausschließlich bei dieser Herkunft vor und zwar bei 12,5% der Proben.

Durch die geringe Anzahl der Untersuchungen von Ware aus ökologischem Anbau können Aussagen dazu nur sehr eingeschränkt erfolgen: Während die Mittelwerte für Bromid und Schwefelkohlenstoff im Vergleich zum konventionellen Anbau deutlich geringer ausfallen (Bromid-Mittelwert für den konventionellen Anbau aller Herkünfte: 22,8 mg/kg), sind die Nitratgehalte etwas höher. Höchstmengenüberschreitungen kommen nicht vor. Untersuchungen des Schwefelkohlenstoffgehaltes nach Tiefkühlung ergaben bei 28 Bestimmungen in 14 Fällen eine Erhöhung, in den übrigen Fällen eine Verringerung bzw. keine Veränderung der Gehalte.

Weitere Untersuchungen auf Pflanzenschutzmittel ergaben häufige Befunde (mind. 10% der untersuchten Proben bei n = 32 bis 78) der Wirkstoffe Cypermethrin, Deltamethrin, Dicloran, Iprodion, Lambda-Cyhalothrin und Propamocarb.

Fazit
Die Situation bei Nitrat und Bromid wurde im Vergleich zu früheren Untersuchungen bestätigt. Gemäß der Stellungnahme 004/2005 des BfR sollte die Einführung einer Höchstmenge für Nitrat erwogen werden. Bei Ware italienischer Herkunft treten höhere Werte auf, hinsichtlich des Bromidgehaltes besteht weiterhin Handlungsbedarf im Sinne einer Ursachenermittlung und möglicherweise in der Folge einer Höchstmengenanpassung. Die Untersuchungen zum Schwefelkohlenstoffgehalt deuten den erwarteten Einfluss natürlicher Inhaltsstoffe an, bedürfen aber noch weiterer Vertiefung. Zur Vermeidung einer Verfälschung des Schwefelkohlenstoffgehaltes hat eine Lagerung bei Bedingungen unter Raumtemperatur zu unterbleiben.

6.10
Projekt 10: Triphenylmethanfarbstoffe in importierten Fischen und Fischerzeugnissen

Federführendes Amt:	LAVES – IfF Cuxhaven
Teilnehmende Ämter:	TLLV Bad Langensalza, CVUA Freiburg, Inst. f. Lebensmittel- und Umweltunters. Köln, LGL Oberschleißheim, CEL Recklinghausen, LHL Wiesbaden

Triphenylmethanfarbstoffe wie Malachitgrün, Kristallviolett und Brillantgrün wurden in der Fischzucht häufig gegen Mykosen, bakterielle Infektionen und äußerliche Parasiten eingesetzt. Bei dem wichtigsten Vertreter dieser Gruppe, dem Malachitgrün, handelt es sich um eine grünblaue Substanz, die von der EFSA als potenziell kanzerogen eingestuft wird (s. Kap. 6.6). Malachitgrün hat mit der am 15.12.2004 veröffentlichten Änderung der Verordnung über Standardzulassungen von Arzneimitteln[13] die Standardzulassung verloren. Seitdem

---
[13]Bundesgesetzblatt Jahrgang 2004 Teil I Nr. 67 Seite 3342.

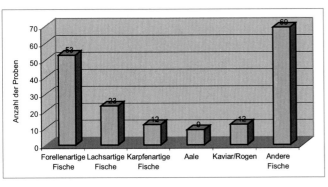

Abb. P10-1 Art der untersuchten Proben.

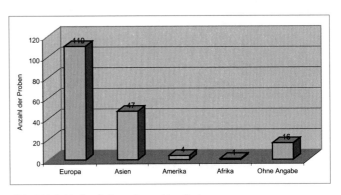

Abb. P10-2 Herkunft der untersuchten Proben.

ist die bis dahin noch erlaubte Behandlung von Fischeiern zu Zuchtzwecken mit Malachitgrün grundsätzlich verboten. Darüber hinaus wurde bereits im Oktober 2004 die Rückstandshöchstmenge für Malachitgrün in Fischen und Fischprodukten aufgehoben. Da Malachitgrün nicht in die Anhänge I bis II der VO (EG) 2377/90 aufgenommen ist, gilt für Rückstände dieser Substanz die Nulltoleranz, d. h., es dürfen keinerlei Spuren von Malachitgrün in Fischen und Fischerzeugnissen, die für den menschlichen Verzehr bestimmt sind, enthalten sein. In Abhängigkeit von den Umgebungsbedingungen werden Triphenylmethanfarbstoffe unterschiedlich schnell zur jeweiligen Leukoform reduziert. Dieser wichtigste Metabolit des jeweiligen Triphenylmethanfarbstoffes ist in der Regel auch Monate nach der illegalen Anwendung noch nachweisbar. Die analytische Mindestleistungsgrenze (MRPL-Wert) für Malachitgrün inkl. seiner Leukobase liegt lt. der EU-Entscheidung 2004/025/EG bei 2 µg/kg. Im Gegensatz dazu gibt es bisher keine analytischen Mindestleistungsgrenzen für Kristallviolett und Brillantgrün.

Trotz des Anwendungsverbotes im Jahr 2004 wurden im darauf folgenden Jahr häufig erhebliche Mengen an Malachitgrün-Rückständen (bis zu 4000 µg/kg) besonders in importierten Aalen, Welsen, Forellen und im Kaviar nachgewiesen (vgl. auch Meldungen im europäischen Schnellwarnsystem). Aus diesem Grund wurde im Rahmen dieses Projektes eine möglichst umfassende Bestandsaufnahme der Rückstandssituation in Hinblick auf die zuvor genannten Triphenylmethanfarbstoffe in importierten Fischen und Fischerzeugnissen angestrebt. Besonderes Augenmerk wurde dabei auf die Fischart und die Herkunft der jeweiligen Probe gerichtet. Insgesamt wurden im Rahmen dieses Projektes 178 Proben auf mögliche Rückstände von Triphenylmethanfarbstoffen untersucht.

Die Verteilung auf die verschiedenen Fischarten ist Abbildung P10-1 zu entnehmen. Die forellenartigen Fische bildeten mit 53 Proben hierbei die größte Einzelgruppe.

Die Verteilung dieser Proben auf die verschiedenen Herkunftsregionen ist in Abbildung P10-2 dargestellt.

Wie in Abbildung P10-2 dargestellt, stammt ein Großteil der untersuchten Proben aus Europa. Lediglich 26 % der untersuchten Fische (47 Proben) waren asiatischer Herkunft. In Fischen aus dieser Region wurden im Jahr 2005 mehrmals erhebliche Mengen von Malachitgrün nachgewiesen.

Im Rahmen des Lebensmittelmonitorings 2006 waren hingegen nur in 2 Proben Rückstände von Malachitgrün nachweisbar: Ein Karpfen vietnamesischer Herkunft enthielt 8 µg/kg Gesamtmalachitgrün. Bei der zweiten beanstandeten Probe handelt es sich um eine Regenbogenforelle deutscher Herkunft mit einem Gesamtmalachitgrüngehalt von 3,3 µg/kg. Die übrigen Farbstoffe inkl. ihrer Leukobasen waren in den 178 untersuchten Proben durchweg nicht nachweisbar.

Fazit

Mit 1,1 % (2 von 178 Proben) fällt die Beanstandungsquote in diesem Bereich erfreulich niedrig aus. Dieses deutet insbesondere bei Vergleich mit den Beanstandungsquoten verschiedener Bundesländer aus dem Jahr 2005 auf einen stark rückläufigen Trend im Hinblick auf die Rückstandsproblematik dieser Farbstoffe in Fischen hin. Aufgrund der verhältnismäßig geringen Zahl von nur 52 Proben aus dem außereuropäischen Ausland wäre der Zeitpunkt für eine vollständige Entwarnung für diesen Bereich zu früh gewählt. Die Rückstandssituation in diesem Bereich sollte daher auch weiterhin beobachtet werden.

7 Übersicht der bisher im Monitoring untersuchten Lebensmittel

Die folgende Tabelle gibt eine Übersicht über die in den Jahren 1995 bis 2006 untersuchten Lebensmittel mit den dazu gehörigen Beprobungsjahren. Die Reihenfolge der Lebensmittelgruppen und die Zuordnung der Einzellebensmittel zu den Lebensmittelgruppen erfolgt in Anlehnung an die in der amtlichen Lebensmittelüberwachung verwendeten Kodierkataloge (ADV-Kataloge).

Tab. 7-1 Untersuchte Warenkorblebensmittel.

Lebensmittelgruppe	Untersuchte Lebensmittel (Jahr der Untersuchung)
Käse	Camembertkäse/Brie (1999, 2006), Blauschimmelkäse/Gorgonzola (2006), Emmentaler (1995), Frischkäse (2000), Gouda (1995), Schafkäse/Fetakäse (1997, 2006), Ziegenkäse (2000)
Butter	Markenbutter (1996, 1997, 2006)
Eier	Hühnereier (2000, 2006), Vollei flüssig/getrocknet (2006)
Fleisch	Ente (2003), Gans (2003), Hähnchen (2000), Kalb (2001), Kaninchen (2003), Lamm (2002), Pute (1999), Rind (2002), Strauß (2002), Wildschwein (1997, 1998)
Innereien	Kalbsleber (2001, 2006), Kalbsnieren (2001, 2006), Lammleber (1996), Putenleber (1999), Rinderleber (1998, 2006), Rindernieren (2002, 2006), Schweineleber (1996, 1997, 2006), Schweinenieren (2001, 2006)
Fettgewebe	Lammnierenfett (1996), Rindernierenfett (1998), Schweineflomen (1996), Wildschweinfettgewebe (1997, 1998)
Wurstwaren, Fleischerzeugnisse	Brühwürste (2004), Kalbsleberwurst (2000), Rohschinken (2000), Rohwürste (2005), Rotwürste/Blutwürste (2000), Salami (1999, 2005)
Fisch, Fischerzeugnisse	
Seefisch	Butterfisch (2001), Hai (2001, 2006), Heilbutt (1998), Hering (1995, 1996), Kabeljau (2002), Lachs (2000), Rotbarsch (2001)Seelachs (1995, 1996), Scholle (2001), Schwarzer Heilbutt (1998), Schwertfisch (2006), Thunfisch (2006)
Süßwasserfisch	Forelle (1995, 1996, 2005), Karpfen (1997, 1998, 2005)
Fischerzeugnisse	Aal geräuchert (1997, 2006), Dorschleber in Öl Konserve (2006), Makrele geräuchert (1999), Thunfisch Konserve (1999)
Krebs-, Weichtiere	Krebstiere (1995), Miesmuscheln (1998)
Fette, Öle	Olivenöl (2000), Rapsöl (2006), Sonnenblumenöl (2006)
Sojaerzeugnisse	Tofu (2002)
Getreide	Gerste (2001), Reis (2000, 2003, 2005), Roggen (1997, 1998, 2004), Weizen (1997, 1998, 1999, 2003, 2006)
Getreideerzeugnisse	Blätterteig (2005), Brotteige (2005), Hafervollkornflocken (1999), Müsli-/Getreideriegel (2005), Teigwaren (2000), Speisekleie aus Weizen (2003)
Schalenobst, Ölsamen, Hülsenfrüchte	Erdnüsse (1997, 2000, 2004), Haselnüsse (2004), Leinsamen (1999, 2005), Linsen (2001), Mandeln (2004), Mohn (2005), Pistazien (1995, 1996, 1998, 1999), Sonnenblumenkerne (2000), Walnüsse (2004)
Kartoffeln, -erzeugnisse	Kartoffeln (1998, 2002, 2005), Kartoffelbrei (2005), Kartoffelpuffer (2005), Kroketten (2005),
Frischgemüse	
Blattgemüse	Bataviasalat (1997), Bleichsellerie (1995), Chinakohl (2000), Eichblattsalat (1997, 2006), Eisbergsalat (1995, 1996, 1997, 2004), Endivie (1995, 1996), Feldsalat (1995, 1997, 2004), Grünkohl (1997), Kopfsalat (1997, 2001, 2004), Lollo bianco (2006), Lollo rosso (1995, 1997, 2006), Rotkohl (2004), Porree (2001, 2004), Rucola (2004), Spinat (2002, 2005), Weißkohl (2003), Wirsingkohl (2000)

Tab. 7-1 Untersuchte Warenkorblebensmittel (Fortsetzung).

Lebensmittelgruppe	Untersuchte Lebensmittel (Jahr der Untersuchung)
Sprossgemüse	Artischocke (2005), Blumenkohl (1999, 2003, 2006), Brokkoli (1997, 2005), Kohlrabi (1996), Spargel (1998), Zwiebeln (1999)
Fruchtgemüse	Aubergine (2003, 2006), Gemüsepaprika (1999, 2003, 2006), Grüne Bohnen (1995, 1996, 2002, 2005), Gurken (1995, 1996, 2000, 2003), Melone/Honigmelone/Netzmelone/Kantalupmelone (1999, 2006), Tomaten (2001, 2004), Zucchini (1997)
Wurzelgemüse	Knollensellerie (1998), Mohrrüben/Karotten (1998, 2002, 2005), Radieschen (1995, 1996), Rettich (1995, 1996)
Gemüseerzeugnisse	Erbsen tiefgefroren (2000, 2003, 2006), Möhren-/Karottensaft (2002), Spinat tiefgefroren (1998, 2005), Tomatenmark (2000), Tomatensaft (2006)
Pilze, Pilzerzeugnisse	Champignon Konserve (2005), Shiitakepilze (2005), Zuchtchampignons (1999)
Frischobst	
Beerenobst	Erdbeeren (1996, 1998, 2004), Johannisbeeren (1996), Tafelweintrauben (1995, 1997, 2001, 2006)
Kernobst	Äpfel (1998, 2001, 2004), Birnen (1998, 2002, 2005)
Steinobst	Aprikosen (1998), Nektarinen (1998, 2002, 2005), Pfirsiche (1998, 2002, 2005), Pflaumen (1998), Süßkirschen (1998)
Zitrusfrüchte	Clementinen (1998), Grapefruits (1998), Mandarinen (2002, 2005), Orangen (1996, 1998, 2002, 2005), Zitronen (1996, 1997, 1998)
Exotische Früchte und Rhabarber	Ananas (2004), Bananen (1997, 2002, 2006), Kiwi (1997), Papaya (1999), Rhabarber (1999)
Obstprodukte	Apfelmus (1995), Fruchtzubereitung für Milchprodukte (2001), Sauerkirschkonserven (2000)
Fruchtsäfte	Ananassaft (2005), Apfelsaft (1995, 1996, 2005), Grapefruitsaft (2005), Johannisbeernektar (2002), Mehrfruchtsäfte (2001), Orangensaft (1995, 2004, 2006), Traubenmost (2005), Traubensaft rot (2002)
Wein	Qualitätsschaumwein (2005), Rotwein (2002), Weißwein (2001)
Bier	Vollbier (2002)
Honig/Brotaufstriche	Honig (2001), Nougatkrem (1999)
Süßwaren/Schokolade	Marzipanrohmasse (2005), Schokolade (2002, 2006), Süßwaren aus Rohmassen (2005)
Kaffee/Tee	Rohkaffee (1999, 2000), Röstkaffee (1999), Tee unfermentiert (2002, 2006), Tee fermentiert (2002, 2006)
Säuglings- und Kleinkindernahrung	Fertigmenüs für Säuglinge und Kleinkinder (2001), Milchfreie Säuglingsnahrung auf Sojabasis (2000), Milchpulverzubereitung (1999), Obstbrei (2000), Säuglingsnahrung auf Getreidebasis (2002), Vollkorn-Obstzubereitung (2000)
Gewürze/Kräuter	Paprikapulver (1997), Pfeffer schwarz, weiß (2002), Küchenkräuter (2003)
Trinkwasser	Mineralwasser (1999)

Die im Rahmen von Projekten hinsichtlich spezieller Fragestellungen untersuchten Lebensmittel sind in der folgenden Tabelle aufgeführt.

Tab. 7-2 Im Rahmen von Projekten untersuchte Lebensmittel.

Lebensmittel	Fragestellung/Stoffgruppe	Jahr	Projekt
Fisch, Fischerzeugnisse			
Aal frisch, Aal geräuchert	Pharmakologisch wirksame Stoffe	2006	6
Aal, forellen-, karpfen- und lachsartige Fische, Kaviar/Rogen, andere Fische	Triphenylmethanfarbstoffe	2006	10
Binnenfische (Hecht, Plötze, Brachse, Aal, Flussbarsch, Zander)	Zinnorganische Verbindungen	2003	PSM 6
Fisch, geräuchert	Benzo(a)pyren	2005	9
Hering	Rückstände und Kontaminanten	2004	9
Muscheln/Muschelerzeugnisse	Organozinnverbindungen und Schwermetalle	2004	6
Konserven in Öl (Sardine, Thunfisch)	PAK und BTEX-Aromaten	2004	7
Lachsähnliche Fische, Dorschfische, Barschartige Fische, Plattfische	Quecksilber in Fisch aus Südostasien	2004	8
Regenbogenforelle	Polycyclische Moschusverbindungen	2004	3
Tintenfischerzeugnisse	Cadmium	2005	8
Getreide, Getreideerzeugnisse			
Brot, Knabberartikel auf Getreidebasis, Pizza, Zwieback	3-MCPD	2004	10
Diätetische Lebensmittel auf Maisbasis	Fumonisine	2006	1
Frühstückscerealien, Getreideflocken und Getreideerzeugnisse mit Zusätzen	Deoxynivalenol, Zearalenon und Ochratoxin A	2004	5
Hartweizengrieß (Durum), Teigwaren, Brot	Deoxynivalenol	2003	M 1
Maismehl, Maisgrieß, Cornflakes	Fumonisine	2003	M 3
Reis, Weizenvollkornmehl	Phthalate	2006	3
Roggen-, Weizenmehl	Deoxynivalenol, Zearalenon und Ochratoxin A	2005	7
Fette, Öle			
Olivenöl, Weizenkeimöl, Maiskeimöl	Pflanzenschutzmittelrückstände	2003	PSM 3
Raps-, Sonnenblumen-, Oliven und Distelöl	Phthalate	2006	3
Kartoffeln, Kartoffelerzeugnisse			
Kartoffeln	Glykosidalkaloide	2005	3
Gemüse, Gemüseerzeugnisse			
Basilikum, Bohnenkraut, Dill, Feldsalat, Kresse, Küchenkräuter, Petersilie, Salbei, Schnittlauch, Spinat, Thymian, Zitronenmelisse, Karotte, Knollensellerie	Herbizide	2005	10
Basilikum, Bohne grün, Bohnenkraut, Dill, Endivie, Fenchel, Kerbel, Koriander, Mangold, Möhre, Petersilie, Rote Bete	Herbizide	2006	8
Feldsalat (Ackersalat)	Nitrat in Feldsalat	2006	2
Gemüsepaprika	Pflanzenschutzmittelrückstände	2004	2

Tab. 7-2 Im Rahmen von Projekten untersuchte Lebensmittel (Fortsetzung).

Lebensmittel	Fragestellung/Stoffgruppe	Jahr	Projekt
Gemüsepaprika	Pflanzenschutzmittelrückstände aus Einzelfruchtanalysen	2006	5
Gurken	Organochlorverbindungen, Pflanzenschutzmittelrückstände	2005	6
Rucola	Bromid-, Nitrat- und Schwefelkohlenstoffgehalte	2006	9
Tomaten	Pflanzenschutzmittelrückstände	2005	5
Obst, Obstprodukte			
Beerenobst getrocknet, Kernobst getrocknet, Steinobst getrocknet, Exotische Früchte getrocknet, Trockenobstmischungen (außer Weintrauben)	Ochratoxin A	2006	7
Fruchtsäfte (Trauben-, Apfel-, Birnen-, Orangen- und Mischsäfte)	Carbendazim	2005	2
Himbeere, Johannisbeere, Stachelbeere	Pflanzenschutzmittelrückstände	2004	1
Rosinen, Korinthen, Sultaninen	Ochratoxin A	2003	M 4
Tafelweintrauben rot/weiß	Pflanzenschutzmittelrückstände	2003	PSM 1
Tafelweintrauben rot/weiß	Rückstände von Benzoyl-Harnstoffen	2003	PSM 2
Säuglings- und Kleinkindernahrung			
Getreidebeikost für Säuglinge und Kleinkinder	Deoxynivalenol	2003	M 2
Getreidebeikost, Zwieback oder Kekse für Säuglinge u. Kleinkinder	Fumonisine	2006	1
Säuglings- und Kleinkindernahrung	Furan	2005	1
Säuglings- u. Kleinkindernahrung (auf Milchbasis)	Phthalate	2006	3
Säuglings- und Kleinkindernahrung (Komplettmahlzeiten)	Dioxine und dioxinähnliche PCB	2006	4
Sonstige Lebensmittel und Kombinationen verschiedener Lebensmittelgruppen			
Weizenmehl, Maismehl, Haferflocken, Tomate, Gemüsepaprika, Karotte, Kulturpilze, Birnen	Rückstände von Chlormequat und Mepiquat	2003	PSM 4
Kaffee-Extrakte, Wein, Kakaopulver, Gewürze/Würzmittel, Traubensäfte, Säfte für Säuglinge	Ochratoxin A	2004	4
Knäckebrot, Butterkeks, Lebkuchen, Pommes gegart, Kartoffelknabbererzeugnisse, Kaffee geröstet	Acrylamid	2004	11
Brüh-, Fleischbrüherzeugnisse, Fertiggerichte, Soßenpulver, Suppen	Furan	2005	1
Nahrungsergänzungsmittel (Vitamin-, Mineralstoff-, Pflanzenextrakt- und Algenpräparate)	Schwermetalle	2005	4

To access this journal online:
http://www.birkhauser.ch

Erläuterungen zu den Fachbegriffen

ADI – Acceptable Daily Intake
s. unter Toxikologische Referenzwerte

Aflatoxine
Stoffwechselprodukte von Schimmelpilzen in Ernteprodukten. Wärme und Feuchtigkeit fördern die Aflatoxinbildung. Sie bestehen u. a. aus den chemisch verwandten Einzelverbindungen Aflatoxin B1, B2, G1 und G2 sowie M1. Sie gelten als akut toxisch und haben bei verschiedenen Tierarten unter Anderem hepato-karzinogene Wirkungen auf der Grundlage eines genotoxischen Mechanismus. Beim Menschen wird beim Auftreten von Leberkarzinomen ein möglicher Zusammenhang mit dem Hepatitis-Virus B diskutiert. Um eine Gefährdung der Gesundheit des Menschen durch Aflatoxin kontaminierte Lebensmittel zu vermeiden, wurden Höchstgehalte (für Aflatoxin B1 2 µg/kg und für die Summe der Aflatoxine 4 µg/kg sowie für M1 in Milch 0,05 µg/kg) festgesetzt.

Akarizide
Stoffe zur Abtötung von Milben.

ARfD – Akute Referenzdosis
s. unter Toxikologische Referenzwerte

Benzo(a)pyren
Benzo(a)pyren ist der bekannteste Vertreter der polycyclischen aromatischen Kohlenwasserstoffe (PAK; s.dort) und gilt momentan als Leitsubstanz für diese Stoffgruppe. Dieser Stoff ist stark Krebs erregend und Erbgut schädigend.

Bestimmungsgrenze
Die geringste Menge eines Stoffes, die mengenmäßig eindeutig und sicher bestimmt (quantifiziert) werden kann, heißt „Bestimmungsgrenze". Sie ist von dem verwendeten Verfahren und den Messgeräten abhängig und liegt über der jeweiligen Nachweisgrenze. Im vorliegenden Bericht wird in der Regel nicht zwischen diesen beiden Grenzen unterschieden und alle Rückstände, die unter der Bestimmungsgrenze liegen, werden als „nicht nachgewiesen" angeführt. Diese Ungenauigkeit wird in Kauf genommen, um den Bericht verständlich und leicht lesbar zu gestalten (vgl. hierzu den Begriff „Nachweisgrenze").

Bromocyclen
Bromocyclen wurde gezielt als Akarizid oder Insektizid an warmblütigen Nutztieren angewandt. Außerdem kommt es zu spezifischen, in ihrem Zustandekommen noch nicht völlig erklärbaren Belastungen von Oberflächengewässern aus den Abläufen einzelner Klärwerke. Es vermag offensichtlich deren Reinigungsstufen zu passieren. Aufgrund seiner hohen Persistenz und Lipophilie kann es in der aquatischen Nahrungskette angereichert werden und war daher oft sowohl in Wildfischen aus Binnengewässern als auch in Zuchtfischen aus Aquakulturen anzutreffen, die Wasser aus zivilisatorisch kontaminierten Fließgewässern entnehmen.

BTEX
Abkürzung für die aromatischen Kohlenwasserstoffe Benzol, Toluol, Ethylbenzol, die Xylole und Styrol. BTEX-Aromaten kommen im Steinkohleteer vor, werden aber meist aus Erdöl gewonnen. Sie dienen im Benzin zur Erhöhung der Oktanzahl und werden außerdem als Löse- und Entfettungsmittel oder als Rohstoff in der chemischen Industrie eingesetzt.

Chloramphenicol
Das Breitbandantibiotikum Chloramphenicol (CAP) wurde in der Tiermedizin häufig bei Infektionskrankheiten verabreicht. Seit 1994 ist aber die Anwendung von CAP bei Lebensmittel liefernden Tieren innerhalb der EU verboten, da der Wirkstoff im Verdacht steht, beim Menschen neben aplastischer Anämie (extreme Blutarmut) auch Schädigungen des Knochenmarks auszulösen.

Deoxynivalenol
Deoxynivalenol (DON) wird durch Stoffwechselaktivitäten von Schimmelpilzen gebildet und gehört zur Gruppe der Fusarientoxine (Mykotoxine). DON kann in allen Getreidearten auftreten, besonders in Mais und Weizen. Es ist zwar weder erbgutschädigend noch krebserregend, wirkt jedoch beim Menschen häufig akut toxisch mit Erbrechen, Durchfall und Hautreaktionen nach Aufnahme kontaminierter Nahrung. Außerdem können Störungen des Immunsystems und dadurch erhöhte Anfälligkeit gegenüber Infektionskrankheiten auftreten.

Dioxine
„Dioxine" sind eine Sammelbezeichnung für chemisch ähnlich aufgebaute chlorhaltige Dioxine und Furane. Insgesamt besteht die Gruppe der Dioxine aus 75 polychlorierten Dibenzodioxinen (PCDD) und 135 polychlorierten Dibenzofuranen (PCDF). Diese Verbindungen werden überwiegend über die Nahrungskette vom tierischen und menschlichen Organismus aufgenommen. Aufgrund ihrer guten Fettlöslichkeit, der langsamen Ausscheidung sowie der geringen Abbaubarkeit werden sie im Fettgewebe angereichert.

Das toxischste Dioxin ist das 2,3,7,8 TCDD, das auch als „Seveso-Gift" bezeichnet wird. Es kann bei akuter Vergiftung neben Chlorakne auch Verdauungs-, Nerven- und Enzymfunktionsstörungen sowie Muskel- und Gelenkschmerzen hervorrufen. Ob Dioxine beim Menschen Krebs auslösen können, ist nicht abschließend gesichert.

Für die toxikologische Beurteilung der Dioxine sind zusätzlich die anderen 2,3,7,8 chlorierten Dioxine bzw. Furane relevant, die weitere Chloratome besitzen. Diese 17 Verbindungen werden für die Bewertung der Toxizität herangezogen und die toxische Wirkung als Toxizitätsäquivalent (TEQ) im Verhältnis zu der von 2,3,7,8 TCDD ausgedrückt.

Elemente
Der Begriff „Elemente" beinhaltet im Lebensmittel-Monitoring die Schwermetalle (siehe dort) und Halbmetalle wie Arsen und Selen.

Fumonisine
Fumonisine sind Schimmelpilzgifte (Mykotoxine), die von Schimmelpilzen der Gattung Fusarium vorrangig auf Mais gebildet werden. Wie alle Fusarientoxine wirken sie zellschädigend und beeinträchtigen das Immunsystem. Im Tierversuch erwiesen sich Fumonisine als krebserregend.

Fungizide
Stoffe, die das Wachstum von Mikropilzen (z. B. Schimmelpilzen) be- bzw. verhindern.

Gehaltsangaben
Die Gehalte von Rückständen werden als mg/kg (Milligramm pro Kilogramm) oder µg/kg (Mikrogramm pro Kilogramm) angegeben. Für Getränke wird die Einheit mg/l verwendet.

1 mg/kg bedeutet, dass ein Milligramm (ein tausendstel Gramm) eines Rückstandes sich in einem Kilogramm (bzw. Liter) des jeweiligen Lebensmittels befindet. Entsprechend bedeutet 1 µg/kg ein Millionstel Gramm eines Rückstandes in einem Kilogramm eines Lebensmittels.

Häufig quantifizierte Stoffe
Das Kriterium für ‚häufig' ist abhängig von der Stoffgruppe und wurde angewandt, wenn für Pflanzenschutzmittelrückstände und Mykotoxine Gehalte jeweils in mehr als 10 % der Proben quantifiziert wurden, für organische Kontaminanten und Elemente erst oberhalb 50 % aller Proben.

Herbizide
Unkrautvernichtungsmittel

Höchstgehalt/Höchstmenge
Höchstgehalte sind in der EU-Gesetzgebung festgeschriebene, höchstzulässige Mengen für Pflanzenschutzmittelrückstände und Kontaminanten in oder auf Lebensmitteln, die beim gewerbsmäßigen Inverkehrbringen nicht überschritten werden dürfen. Sie werden unter Zugrundelegung strenger international anerkannter wissenschaftlicher Maßstäbe so niedrig wie möglich und niemals höher als toxikologisch vertretbar festgesetzt.

Verantwortlich für die Einhaltung von Höchstgehalten ist in erster Linie der in der EU ansässige Hersteller/Erzeuger bzw. bei der Einfuhr aus Drittländern der in der EU ansässige Importeur. Die amtliche Lebensmittelüberwachung kontrolliert stichprobenweise das Lebensmittelangebot auf die Einhaltung der Höchstgehalte.

Der gleichbedeutende Begriff Höchstmenge wird in Deutschland noch in verschiedenen Verordnungen, so z. B. in der Rückstands-Höchstmengenverordnung (RHmV) für die rechtliche Regelung von Rückständen von Pflanzenschutzmitteln in und auf Lebensmitteln verwendet.

Insektizide
Insektenbekämpfungsmittel

Kokzidiostatika
Kokzidiostatika, wie beispielsweise Nicarbazin, Lasalocid und Monensin, werden in Tierarzneimitteln gegen die als Kokzidien bezeichneten Einzeller eingesetzt, die vor allem das Darmepithel, aber auch Leber und Niere befallen, wodurch die Aufnahme von Nährstoffen und das Wachstum verhindert wird. In der Geflügelhaltung stellt die Kokzidiose eine der häufigsten Erkrankungen dar. Kokzidiostatika werden meist zur Prophylaxe bzw. Metaphylaxe über das Futter verabreicht.

Kontaminant
Jeder Stoff, der dem Lebensmittel nicht absichtlich zugesetzt wird, jedoch als Rückstand der Gewinnung (einschließlich der Behandlungsmethoden im Ackerbau, Viehzucht und Veterinärmedizin), Umwandlung, Zubereitung, Verarbeitung, Verpackung, Transport und Lagerung sowie infolge von Umwelteinflüssen im Lebensmittel vorhanden ist. Der Begriff umfasst nicht die Überreste von Insekten, Haare von Nagetieren und andere Fremdkörper.

Kontamination
Die Verunreinigung der Lebensmittel mit unerwünschten Stoffen.

Kontaminationsgrad
Zur Festsetzung des Kontaminationsgrades eines Erzeugnisses wird der Anteil der Proben mit Gehalten über den jeweiligen Höchstgehalten (HG) bzw. Höchstmengen zu Grunde gelegt und entsprechend folgender Skalierung bewertet:

Bewertung	Anteil > HG (in %)
1 – kein	Anteil = 0
2 – gering	0 < Anteil <= 5
3 – mittelgradig	5 < Anteil <= 10
4 – erhöht	10 < Anteil <= 15
5 – hoch	Anteil > 15

Ähnliche Kriterien werden angelegt, um die Höhe der Gehalte oder die Anteile der Proben mit nachgewiesenen Gehalten zu bewerten.

KÜP-Empfehlung

Das Koordinierte Überwachungsprogramm (KÜP) beruht auf Empfehlungen der EU an die Mitgliedsstaaten zur Einhaltung der Rückstandshöchstgehalte von Pflanzenschutz- und Schädlingsbekämpfungsmitteln auf und in Getreide und bestimmten anderen Erzeugnissen pflanzlichen Ursprungs. Durch Einhaltung dieser Empfehlungen wird die Repräsentativität und Vergleichbarkeit der Ergebnisse gesichert. Die Empfehlung für 2005 ist veröffentlicht unter: „Empfehlung der Kommission vom 1. März 2005 betreffend ein koordiniertes Kontrollprogramm der Gemeinschaft für das Jahr 2005 zur Sicherung der Einhaltung der Rückstandshöchstgehalte von Schädlingsbekämpfungsmitteln auf und in Getreide und bestimmten anderen Erzeugnissen pflanzlichen Ursprungs sowie betreffend nationale Kontrollprogramme für das Jahr 2006" im Amtsblatt der Europäischen Union Nr. L 61/31; 8.3.2005.

Leichtflüchtige chlorierte Kohlenwasserstoffe (LCKW)

Als LCKW bezeichnet man die leichtflüchtigen Derivate von Methan, Ethan und Ethen (Ethylen), bei denen bis zu vier Wasserstoff-Atome durch Chlor-Atome substituiert sind. Sie sind Ausgangsstoffe für die Kunststoffproduktion (Chlormethan, 1,2-Dichlorethan, Vinylchlorid (Chlorethen)) und dienen oder dienten als Lösungs-, Extraktions- bzw. Reinigungsmittel, wie Dichlormethan, Trichlormethan (Chloroform), 1,1,1-Trichlorethan, Trichlorethylen (Trichlorethen), Perchlorethylen (Tetrachlorethen). Aufgrund ihrer langen Lebensdauer sind LCKW noch heute ubiquitär in der Atmosphäre nachweisbar. Große Mengen von LCKW gelangten in der Vergangenheit durch Unachtsamkeit, unsachgemäßen Umgang, Ablagerung LCKW-haltiger Abfälle (z. B. Schleif-, Galvanik- und Ölschlämme) oder durch Unfälle in die Umwelt. Sie werden aufgrund ihrer Lipophilie leicht resorbiert und können langfristig Leber- und Nierenschäden hervorrufen. In hohen Konzentrationen wirken sie auf das Zentralnervensystem und bei einigen LCKW besteht begründeter Verdacht auf Karzinogenität.

Median

Der Median ist derjenige Zahlenwert, der die Reihe der nach ihrer Größe geordneten Messwerte halbiert. Das bedeutet, die eine Hälfte der Messwerte liegt unter dem Median, die andere Hälfte darüber.

Der Median wird vorzugsweise zur Charakterisierung von asymmetrischen Verteilungen, zu denen die Stoffkonzentrationen in Lebensmitteln in der Regel gehören, genutzt. Die Angabe eines Medians ist bei Einbeziehung aller Proben (auch solcher ohne quantifizierte Gehalte) nur sinnvoll, wenn mindestens die Hälfte der Proben quantifizierte Gehalte aufweisen, andernfalls ist der Median per Definition 0.

Metaboliten

Umwandlungsprodukte von chemischen Verbindungen, ausgelöst durch chemische Prozesse oder durch Stoffwechselvorgänge.

Mittelwert

Der Mittelwert ist eine statistische Maßzahl, die zur Charakterisierung von Daten dient. Im vorliegenden Bericht wird ausschließlich der arithmetische Mittelwert benutzt. Er berechnet sich als Summe der Messwerte geteilt durch ihre Anzahl.

Moschusverbindungen

Als synthetische Moschusduftstoffe (= Ersatzstoffe für den natürlichen Moschus) wurden zunächst die leicht herzustellenden, billigen Nitromoschusverbindungen wie Moschus-Xylol und Moschus-Keton verwendet. Nach Bekanntwerden der mit dieser Stoffgruppe verbundenen toxikologischen Risiken ist ihre Verwendung stark eingeschränkt worden. Als Folge davon hat die Konzentration dieser Substanzen in Umwelt- und Lebensmittelproben während der letzten Jahre erfreulicherweise erkennbar abgenommen.

Als Ersatzstoffe für Nitromoschusverbindungen hat man – in der Annahme ökologischer bzw. toxikologischer Unbedenklichkeit – auf polycyclische Moschusverbindungen zurückgegriffen. Mittlerweile ist jedoch erwiesen, dass auch Vertreter dieser Stoffgruppe – allen voran die Verbindungen Galaxolid und Tonalid – in der aquatischen Nahrungskette angereichert werden können. Rückstände werden sowohl in Seefischen als auch in Süßwasserfischen angetroffen. Da toxische Wirkungen u. U. auch von bestimmten polycyclischen Moschusverbindungen ausgehen können, sollten sie bis auf weiteres in Überwachungsprogrammen und -maßnahmen berücksichtigt werden. Gesetzliche Regelungen zu ihrer Beurteilung stehen derzeit nicht zur Verfügung.

Mykotoxine

Mykotoxine sind durch Stoffwechselaktivitäten einiger Schimmelpilze gebildete toxische Stoffe mit sehr unterschiedlicher chemischer Struktur, die sich auf Lebens- und Futtermitteln bilden können. Sie entstehen entweder durch pflanzenpathogene oder apathogene Pilze während des Wachstums der Kulturpflanzen oder durch sog. Lagerpilze während der Lagerung oder Verarbeitung. Wärme und Feuchtigkeit fördern die Mykotoxin-Bildung. Mykotoxine gehören nach den Erkenntnissen der Toxikologie zu den am stärksten toxischen Stoffen, die in Lebensmitteln und Futtermitteln vorkommen können. Bekannte Vertreter sind u. a. die Aflatoxine und Ochratoxin A, die von Lagerpilzen in Erntegütern stammen, sowie die Fusarientoxine Deoxynivalenol, Fumonisin, T-2 Toxin, HT-2 Toxin und Zearalenon, die überwiegend von sog. Feldpilzen in den lebenden Pflanzen, aber auch im Lager in Ernteprodukten gebildet werden.

Nachweisgrenze

Bei der chemischen Analyse unerwünschter Stoffe, z. B. Pflanzenschutzmittel, werden komplizierte und aufwändige Verfahren und Geräte eingesetzt. Es liegt in der Natur der Sache, dass es eine unterste Grenze für den qualitativen Nachweis gibt. Ist weniger Stoff in dem Lebensmittel enthalten, so kann man ihn nicht mehr feststellen. Diese Mindestmenge wird „Nachweisgrenze" genannt (vgl. hierzu den Begriff „Bestimmungsgrenze").

Nitrat, Nitrit, Nitrosamine

Nitrat ist ein natürlich im Boden vorkommender Stoff. Die Pflanze benötigt ihn zu ihrem Wachstum, er wird daher im Wesentlichen durch Düngung dem Boden zugeführt. In höheren Mengen, z. B. bei Überdüngung, kann der Nitratanteil in der Pflanze sehr hoch sein. Der Nitratgehalt wird aber auch beeinflusst von der Pflanzenart, dem Erntezeitpunkt, der Witterung und den klimatischen Bedingungen. Der Faktor Licht spielt dabei eine entscheidende Rolle. So sind in der Regel in den lichtärmeren Monaten die Nitratgehalte höher.

Im menschlichen Magen-Darm-Trakt kann Nitrat zum Nitrit reduziert werden, aus dem durch Reaktion mit Eiweißstoffen Nitrosamine gebildet werden können. Nitrosamine sind im Tierversuch krebserregend. Zur Beurteilung der Höhe der Nitrat-Gehalte werden Gehaltsklassen gebildet:

Gehaltsklasse	Kriterium
1 – sehr niedrig	Mittelwert <= 0.10 * BW
2 – niedrig	0.10 * BW <Mittelwert <= 0.25 * BW
3 – mittelgradig	0.25 * BW <Mittelwert <= 0.50 * BW
4 – erhöht	0.50 * BW <Mittelwert <= 0.75 * BW
5 – hoch	Mittelwert > 0.75 * BW

Es wird hier der arithmetische Mittelwert als Kennzeichnung der Gehaltshöhe herangezogen, der mit einem Bezugswert (BW) verglichen wird. Als Bezugswert fungiert der Höchstgehalt. Für Gemüsearten, für die es keinen Höchstgehalt gibt, wird ein Bezugswert in Abhängigkeit von der potenziellen Kontamination der betreffenden Obst- und Gemüseart folgendermaßen festgelegt:

Gruppe	Vertreter	Bezugswert (mg/kg)
geringe Nitrat-belastung	Blumenkohl, Erbsen, Gurke, Gemüsepaprika, Tomate, Grüne Bohne, Kartoffeln, Zwiebel, Obst	500
Mittlere Nitrat-belastung	Möhren, Knollensellerie, Kohlsorten, Lauch, Rhabarber	1000
Hohe Nitrat-belastung	Blatt- und Kopfsalat, Chinakohl, Spinat, Kohlrabi, Rettich, Rote Bete, Bleichsellerie	4000

Nitrofurane

Nitrofurane sind breitwirkende Chemotherapeutika, die gegen viele Bakterien wirken, und deshalb als Tierarzneimittel angewendet wurden. Wichtige Vertreter sind u. a. Furazolidon, Furaltadon, Nitrofurantoin und Nitrofurazon. Die bei der Umwandlung im Säugetierorganismus entstehenden reaktiven Metabolite 3-Amino-2-oxazolidinon (AOZ), 5-Methylmor-pholino-3-amino-2-oxazolidinon (AMOZ), 1-Aminohydantoin (AHD) und Semicarbazid (SEM) wirken erbgutverändernd und möglicherweise krebserregend. Deshalb dürfen Nitrofurane in der EU bei Lebensmittel liefernden Tieren nicht mehr angewandt werden.

Ochratoxin A (OTA)

Stoffwechselprodukt von Schimmelpilzen (Mykotoxin) mit leber- und nierenschädigender Wirkung. Wärme und Feuchtigkeit fördern die Ochratoxinbildung. Es kommt vorwiegend in Erntegütern, wie Getreide, Kaffeebohnen, Nüssen, Sojabohnen, ölhaltigen Samen, Bier und Wein, vor. In Lebensmitteln tierischer Herkunft kann es nachgewiesen werden, wenn die Tiere mit Ochratoxin-haltigem Futter gefüttert wurden.

Organochlorverbindungen (Persistente Chlorkohlenwasserstoffe)

Beständige Stoffe, die nur schwer abbaubar sind. Durch ihre Beständigkeit (Persistenz) können sie als Rückstände in Lebensmitteln vorkommen. Beispiele sind Hexachlorbenzol (HCB), Dichlordiphenyltrichlorethan (DDT), aber auch PCB. Neben den DDT-Isomeren werden häufig auch deren Abbauprodukte Dichlordiphenyldichlorethan (DDD) und Dichlordiphenyldichlorethen (DDE) gefunden.

Patulin

Stoffwechselprodukt von Schimmelpilzen (Mykotoxin), das vor allem in angefaultem Kernobst, also Äpfeln und Birnen, gebildet werden kann. Es kommt insbesondere in Obsterzeugnissen vor, wenn zur Herstellung kein einwandfreies Obst verwendet wurde. Im Tierversuch verursacht Patulin, in größeren Mengen über längere Zeit aufgenommen, Gewichtsverlust und Schäden an der Magen/Darmschleimhaut. Darüber hinaus gibt es Hinweise auf eine genotoxische Wirkung.

PCB (Polychlorierte Biphenyle)

sind giftige und krebserregende chemische Chlorverbindungen, die bis in die 1980er Jahre vor allem in Transformatoren, elektrischen Kondensatoren, in Hydraulikanlagen als Hydraulikflüssigkeit, sowie als Weichmacher in Lacken, Dichtungsmassen, Isoliermittel und Kunststoffen verwendet wurden. Sie zählen inzwischen zu den zwölf als „dreckiges Dutzend" bekannten organischen Giftstoffen, welche durch die Stockholmer Konvention weltweit verboten wurden.

PCB sind ein Gemisch aus 209 Einzelverbindungen (Kongenere) unterschiedlichen Chlorierungsgrades. Sie werden schwer abgebaut und gelangen über Boden, Wasser und Futtermittel in die menschliche Nahrungskette. Die akute Toxizität von PCB ist gering, wohingegen eine chronische Toxizität schon bei geringen Mengen festzustellen ist. In Lebensmitteln tierischer Herkunft häufig anzutreffen sind die Kongenere PCB 138, PCB 153, PCB 180. Zwölf Vertreter der PCB haben in ihrer Wirkung große Ähnlichkeit mit dem hochgiftigen Seveso-Dioxin. Sie werden als dioxinähnliche PCB bezeichnet.

Perzentil

Perzentile sind Werte, die, wie der Median, die Reihe der nach ihrer Größe geordneten Messwerte teilen. So ist z. B. das 90. Perzentil der Wert, unter dem 90 % der Messwerte liegen; zehn Prozent hingegen liegen über dem 90. Perzentil.

Bei der Auswertung der Messergebnisse und Ermittlung der Perzentile sind neben den zuverlässig bestimmten Gehalten auch die Fälle berücksichtigt worden, in denen die Stoffe mit der angewandten Analysenmethode entweder nicht nachweisbar (NN) waren oder zwar qualitativ nachgewiesen wurden, die Menge aber so gering war, dass sie nicht exakt bestimmt werden konnte (nicht bestimmbar; NB). Um die Ergebnisse für NN und NB in die Berechnungen einbeziehen zu können, wurden folgende Konventionen getroffen:

– Bei organischen Verbindungen wird im Falle von NN der Gehalt = 0 gesetzt, im Falle von NB wird als Gehalt die halbe Bestimmungsgrenze verwendet.
– Bei Elementen und Nitrat wird sowohl für NN als auch für NB als Gehalt die halbe Bestimmungsgrenze verwendet.

Pflanzenschutzmittel (PSM)

Sie werden im Rahmen der landwirtschaftlichen Produktion eingesetzt, um die Pflanzen vor Schadorganismen und Krankheiten zu schützen. Sie ermöglichen somit Erntegüter vor Verderb zu schützen und die Erträge sicherzustellen. Der Verbraucher wird durch bestehende Regelungen bei der Zulassung und den Rückstandskontrollen wirksam geschützt. Durch die Zulassung wird sichergestellt, dass Pflanzenschutzmittel bei sachgemäßer Anwendung keine gesundheitlichen Risiken auf Mensch und Tier ausüben. Überhöhte Rückstände treten vor allem bei nicht sachgerechter Anwendung auf. Nach Einsatzgebieten unterscheidet man Insektizide, Fungizide, Herbizide, Akarizide und andere.

Pharmakologisch wirksame Stoffe

Unter pharmakologisch wirksamen Stoffen werden fast immer Arzneimittel verstanden. Sie üben einen besonderen Einfluss auf die Beschaffenheit, den Zustand und die Funktion des Körpers aus. Beim Menschen wie beim Tier dienen sie dem vorbeugenden Gesundheitsschutz (Prophylaxe) oder werden zur Therapie von Krankheiten eingesetzt.

Phthalate (Phthalsäureester)

Bei den Phthalaten handelt es sich eine Gruppe von Industriechemikalien, die in erheblichen Mengen (mehrere Millionen Tonnen pro Jahr) produziert werden. Man findet sie in zahlreichen Produkten des täglichen Gebrauchs und als Ergebnis dieser vielfältigen Anwendungen sind Phthalate in der Umwelt weit verbreitet. Auch wenn Phthalate als Weichmacher in Kunststoffverpackungen für Lebensmittel keine Rolle mehr spielen, kann es dennoch zu Kontaminationen insbesondere während der Verarbeitung von Lebensmitteln kommen. Auch werden sie weiterhin in Dichtungsmaterialien für Mehr- und Einwegerzeugnisse verwendet.

Phthalate stehen im Verdacht, in den Hormonhaushalt des Menschen einzugreifen und fortpflanzungs- sowie entwicklungsschädigend zu wirken.

Polycyclische aromatische Kohlenwasserstoffe (PAK)

PAK ist eine Sammelbezeichnung für mehrere hundert Einzelverbindungen von kondensierten aromatischen Kohlenwasserstoffen. PAK entstehen als unerwünschte Nebenprodukte bei unvollständigen Verbrennungsprozessen und beim Erhitzen unter Luftabschluss und können sich somit auch in Lebensmitteln beim Erhitzen, Trocknen und Räuchern bilden, wenn Verbrennungsrückstände direkt mit ihnen in Kontakt kommen. Einige der PAK sind Krebs erzeugend oder schädigen den menschlichen Organismus in unterschiedlicher Weise, die meisten besitzen einen eindringlichen Geruch. Der bekannteste, gesundheitlich relevante Vertreter der PAK ist Benzo(a)pyren (BaP). Diese Verbindung wird häufig als Bezugsstoff bei der analytischen Erfassung und der toxikologischen Beurteilung von PAK-Kontaminationen herangezogen.

Zur erweiterten toxikologischen Bewertung können zusätzlich die sog. „schweren" PAK hinzugezogen werden. Zu den insgesamt sechs Vertretern dieser Gruppe gehören neben Benzo(a)pyren die Verbindungen Dibenzo(a,h)anthracen, Benzo(b)fluoranthen, Benzo(k)fluoranthen, Benzo(g,h,i)perylen und Indeno(1,2,3,c,d)pyren.

Quantifizierte Gehalte

Liegt die Konzentration eines Stoffes in einer Größenordnung, in der sie mit der gewählten analytischen Methode zuverlässig bestimmt werden konnte, so ist diese Konzentration ein quantifizierter Gehalt (vgl. hierzu auch den Begriff „Bestimmungsgrenze").

Schnellwarnsystem (RASFF)

Wenn Lebens- oder Futtermittel verunreinigt sind oder andere Risiken für den Verbraucher von ihnen ausgehen können, muss sofort gehandelt werden. Für die schnelle Weitergabe von Informationen innerhalb der Europäischen Union (EU) sorgt das Schnellwarnsystem RASFF (Rapid Alert System Food and Feed) für Lebens- und Futtermittel, dessen Rechtsgrundlage der Artikel 50 der EG-Verordnung Nr. 178/2002 ist. Das Bundesamt für Verbraucherschutz und Lebensmittelsicherheit (BVL) ist die nationale Kontaktstelle für das Schnellwarnsystem. Das BVL nimmt Meldungen der Bundesländer über bestimmte Produkte entgegen, von denen Gefahren für die Verbraucherinnen und Verbraucher ausgehen können. Nach einem vorgeschriebenen Verfahren werden diese Meldungen geprüft, ergänzt und an die Mitgliedstaaten der Europäischen Union weitergeleitet. Andersherum unterrichtet das Bundesamt die zuständigen obersten Landesbehörden über Meldungen, die von Mitgliedstaaten in das Schnellwarnsystem eingestellt wurden.

Schwermetalle

Als Schwermetalle werden Metalle ab einer Dichte von $4{,}5 \, g/cm^3$ bezeichnet. Bekannte Vertreter sind Blei, Cadmium, Quecksilber und Zinn. Bei der Verunreinigung von Lebensmitteln sind in geringerem Maße auch Nickel, Thallium und Zink relevant. Schwermetalle können durch Luft, Wasser und Boden aber auch im Zuge der Be- und Verarbeitung in die Lebensmittel gelangen. Zur Beurteilung der Gehalte wurden sowohl die Bestimmungen der Kontaminanten-Höchstgehaltsverordnung VO (EG) 466/2001, der Schadstoff-Höchstmengen-verordnung (SHmV) für Quecksilber sowie für Kupfer und Quecksilber auch die Rückstands-Höchstmengenverordnung (RHmV) herangezogen.

T-2 Toxin, HT-2 Toxin

sind Fusarientoxine (Mykotoxine), die bei Getreide, aber auch bei Kartoffeln und Bananen vorkommen können. Sie waren u. a. Ursache der sog. Alimentären Toxischen Aleukie (ATA), einer Erkrankung, die schon vor 1900 beschrieben wurde und die durch fusarienbefallenes überwintertes Getreide verursacht wurde. Die Toxine sind zwar nicht erbgutschädigend und als nicht krebserregend eingestuft, aber zellschädigend und hauttoxisch. Sie greifen den Verdauungstrakt an, aber auch das Nervensystem und die Blutbildung werden beeinträchtigt, außerdem stören sie das Immunsystem und erhöhen somit die Anfälligkeit gegenüber Infektionskrankheiten.

TDI – Tolerable Daily Intake
s. unter Toxikologische Referenzwerte

Toxikologische Referenzwerte
(Die deutsche Übersetzung ist nicht offizialisiert, sondern dient lediglich der Erläuterung und Unterscheidung.)

ADI Acceptable daily intake (duldbare tägliche Aufnahmemenge)
Menge eines Stoffes in Milligramm pro Kilogramm Körpergewicht, die <u>akzeptierbar</u> ist, weil sie vom Menschen über ein ganzes Leben hinweg <u>täglich</u> aufgenommen werden kann, ohne mit einer gesundheitlichen Schädigung rechnen zu müssen. Angewendet auf Rückstände nach Zusatz während der Herstellung des Lebensmittels, wie z. B. Pflanzenschutzmittel.

ARfD Akute Referenzdosis
Menge eines Stoffes in Milligramm pro Kilogramm Körpergewicht, die über die Nahrung mit einer Mahlzeit oder innerhalb eines Tages ohne erkennbares Risiko für den Verbraucher aufgenommen werden kann. Sie wird nur für solche Stoffe festgelegt, die aufgrund ihrer akuten Toxizität schon bei einmaliger oder kurzzeitiger Exposition gesundheitliche Schädigungen hervorrufen können. Angewendet auf Rückstände nach Zusatz während der Herstellung des Lebensmittels, wie z. B. Pflanzenschutzmittel.

TDI Tolerable daily intake (tolerierbare tägliche Aufnahmemenge)
Menge eines Stoffes in Milligramm pro Kilogramm Körpergewicht, die <u>tolerierbar</u> ist, weil sie vom Menschen über ein ganzes Leben hinweg <u>täglich</u> aufgenommen werden kann, ohne mit einer gesundheitlichen Schädigung rechnen zu müssen. Angewendet auf Kontaminanten.

PTDI Provisional* tolerable daily intake (vorläufig tolerierbare tägliche Aufnahmemenge)
Menge eines Stoffes in Milligramm pro Kilogramm Körpergewicht, die *vorläufig tolerierbar* ist, weil sie vom Menschen über ein ganzes Leben hinweg *täglich* aufgenommen werden kann, ohne mit einer gesundheitlichen Schädigung rechnen zu müssen. Angewendet auf Kontaminanten.

PMTDI Provisional* maximum tolerable daily intake (vorläufig maximal tolerierbare tägliche Aufnahmemenge)
Menge eines Stoffes in Milligramm pro Kilogramm Körpergewicht, die *vorläufig maximal tolerierbar* ist, weil sie vom Menschen über ein ganzes Leben hinweg *täglich* aufgenommen werden kann, ohne mit einer gesundheitlichen Schädigung rechnen zu müssen. Angewendet auf Kontaminanten ohne kumulative Eigenschaften, d. h., die sich nicht im menschlichen Organismus anreichern.

PTWI Provisional* tolerable weekly intake (vorläufig tolerierbare wöchentliche Aufnahmemenge)
Menge eines Stoffes in Milligramm pro Kilogramm Körpergewicht, die *vorläufig tolerierbar* ist, weil sie vom Menschen über ein ganzes Leben hinweg *wöchentlich* aufgenommen werden kann, ohne mit einer gesundheitlichen Schädigung rechnen zu müssen. Angewendet auf Kontaminanten mit kumulativen Eigenschaften, d. h., die sich im menschlichen Organismus anreichern können.

Toxizität/toxisch
Giftigkeit/giftig

Triclosan-methyl
Triclosan-methyl ist das Ausgangs- und Abbauprodukt zur Herstellung des bioziden Wirkstoffs Triclosan. Dieser ist Bestandteil von Desinfektionsmitteln, die in Arzt- und Zahnarztpraxen sowie in Krankenhäusern eingesetzt werden. Zunehmend wird das Triclosan in niedriger Dosierung auch in verbrauchernahen Produkten wie Wasch- und Reinigungsmitteln oder als biozide Ausrüstung von Kleidung und Kunststoffen eingesetzt. Hierbei besteht nicht nur die Gefahr, dass die Mikroorganismen vermehrt gegen den Wirkstoff Triclosan resistent werden. Der ausgebildete Resistenzmechanismus kann die Keime auch gegen therapeutisch eingesetzte antimikrobiell wirkende Substanzen und Antibiotika unempfindlich machen.

Die in der Umwelt zu findenden Triclosan-methyl-Gehalte scheinen aus der biologischen Methylierung von Triclosan zu stammen, das über das Abwasser in die Kläranlagen und danach in die Oberflächengewässer gelangt.

Triphenylmethanfarbstoffe
Triphenylmethanfarbstoffe wie Malachitgrün, Kristallviolett und Brillantgrün wurden in der Fischzucht häufig gegen Pilze, bakterielle Infektionen und äußerliche Parasiten eingesetzt. Sie werden vom Fisch rasch aus dem Wasser aufgenommen und überwiegend zur farblosen Leukoform reduziert, die sich im Fischgewebe anreichert. Dieser Metabolit ist in der Regel auch Monate nach der Anwendung noch nachweisbar. Der wichtigste Vertreter Malachitgrün und Leukomalachitgrün stehen im Verdacht, eine erbgutverändernde und fruchtschädigende Wirkung zu haben sowie möglicherweise auch krebserregend zu sein. Malachitgrün ist daher in der EU als Wirkstoff für Tierarzneimittel nicht zugelassen. Aufgrund der geringen Kosten, der leichten Verfügbarkeit und hohen Wirksamkeit sowie des Fehlens geeigneter Ersatzstoffe wird Malachitgrün aber trotz des Verbots weiterhin angewendet. Kristallviolett und Brillantgrün sind ebenfalls nicht als Wirkstoff für Tierarzneimittel in der EU zugelassen.

Ubiquitär
Überall verbreitet.

Zearalenon
Zearalenon wird als Stoffwechselprodukt der Fusarienpilze (*Fusarium graminearum*) gebildet (Mykotoxin). Es besitzt östrogene und anabolische Wirksamkeit; seine akute Toxizität wird als gering eingeschätzt. Zearalenon entsteht vor allem in Mais und Getreide bei kühlen, feuchten Temperaturen.

---

* Die Einschränkung („provisional") der Vorläufigkeit drückt die Tatsache aus, dass die Datenbasis für die fundierte Bewertung der möglichen Auswirkungen auf die menschliche Gesundheit noch nicht ausreichend ist.

Adressen der für das Monitoring zuständigen Ministerien und federführende Bundesbehörde

Bund
Bundesministerium für Ernährung, Landwirtschaft und Verbraucherschutz
Postfach 14 02 70
53107 Bonn
Telefax: 01888/529 4262
E-Mail: 313@bmelv.bund.de

Federführende Bundesbehörde
Bundesamt für Verbraucherschutz und Lebensmittelsicherheit, Dienstsitz Berlin,
Postfach 10 02 14
10562 Berlin
Telefax: 030/18444 89999
E-Mail: poststelle@bvl.bund.de

Länder
Ministerium für Ernährung und Ländlichen Raum Baden-Württemberg
Kernerplatz 10
70182 Stuttgart
Telefax: 0711/126 2255
E-Mail: poststelle@mlr.bwl.de

Bayerisches Staatsministerium für Umwelt, Gesundheit und Verbraucherschutz
Rosenkavalierplatz 2
81925 München
Telefax: 089/9214 3505
E-Mail: poststelle@stmugv.bayern.de

Senatsverwaltung für Gesundheit, Umwelt und Verbraucherschutz
Oranienstr. 106
10969 Berlin
Telefax: 030/9028 2060
E-Mail: gesundheit@senguv.verwalt-berlin.de

Ministerium für Ländliche Entwicklung, Umwelt und Verbraucherschutz des Landes Brandenburg
Postfach 60 11 50
14411 Potsdam
Telefax: 0331/866 7242
E-Mail: verbraucherschutz@mluv.brandenburg.de

Senator für Arbeit, Frauen, Gesundheit, Jugend und Soziales
Bahnhofplatz 29
28195 Bremen
Telefax: 0421/361 4808
E-Mail: veterinaerwesen@gesundheit.bremen.de

Behörde für Soziales, Familie, Gesundheit und Verbraucherschutz
Amt für Gesundheit und Verbraucherschutz
Billstr. 80a
20359 Hamburg
Telefax: 040/428 37 2401
E-Mail: inga.ollroge@bsg.hamburg.de

Hessisches Ministerium für Umwelt, ländlichen Raum und Verbraucherschutz
Mainzer Str. 80
65189 Wiesbaden
Telefax: 0611/4478 9771
E-Mail: poststelle@hmulv.hessen.de

Ministerium für Landwirtschaft, Umwelt und Verbraucherschutz
Paulshöher Weg 1
19061 Schwerin
Telefax: 0385/588 6024/6025
E-Mail: poststelle@lu.mv-regierung.de

Niedersächsisches Ministerium für den ländlichen Raum, Ernährung, Landwirtschaft und Verbraucherschutz
Calenberger Str. 2
30169 Hannover
Telefax: 0511/120 2385
E-Mail: poststelle@ml.niedersachsen.de

Ministerium für Umwelt, Naturschutz, Landwirtschaft und Verbraucherschutz des Landes Nordrhein-Westfalen
Schwannstr. 3
40476 Düsseldorf
Telefax: 0211/4566 432
E-Mail: verbraucherschutz-nrw@munlv.nrw.de

Ministerium für Umwelt, Forsten und Verbraucherschutz
Rheinland-Pfalz
Kaiser-Friedrich-Str. 1
55116 Mainz
Telefax: 06131/164 608
E-Mail: poststelle@mufv.rlp.de

Ministerium für Justiz, Gesundheit und Soziales
Franz-Josef-Röder-Straße 23
66119 Saarbrücken
Telefax: 0681/501 3397
E-Mail: poststelle@justiz-soziales.saarland.de

Sächsisches Staatsministerium für Soziales
Albertstr. 10
01097 Dresden
Telefax: 0351/564 5770
E-Mail: poststelle@sms.sachsen.de

Ministerium für Gesundheit und Soziales des Landes
Sachsen-Anhalt
Turmschanzenstr. 25
39114 Magdeburg
Telefax: 0391/567 4688
E-Mail: poststelle@ms.lsa-net.de

Ministerium für Landwirtschaft, Umwelt und ländliche Räume
des Landes Schleswig-Holstein
Mercatorstraße 3
24106 Kiel
Telefax: 0431/988 5246
E-Mail: poststelle@MLUR.landsh.de

Thüringer Ministerium für Soziales, Familie und Gesundheit
Postfach 90 03 54
99106 Erfurt
Telefax: 0361/379 8850
E-Mail: poststelle@tmsfg.thueringen.de

Übersicht der füdas Monitoring ⊠städigen Untersuchungseinrichtungen der Läder

Baden-Württemberg
Chemisches und Veterinäruntersuchungsamt, Freiburg

Chemisches und Veterinäruntersuchungsamt, Karlsruhe

Chemisches und Veterinäruntersuchungsamt, Sigmaringen

Chemisches und Veterinäruntersuchungsamt Stuttgart, Sitz Fellbach

Bayern
Bayerisches Landesamt für Gesundheit und Lebensmittelsicherheit, Erlangen

Bayerisches Landesamt für Gesundheit und Lebensmittelsicherheit, Dienststelle Oberschleißheim

Berlin
Berliner Betrieb für Zentrale Gesundheitliche Aufgaben (BBGes) – Institut für Lebensmittel, Arzneimittel und Tierseuchen (ILAT)

Brandenburg
Landeslabor Brandenburg, Frankfurt (Oder)

Bremen
Landesuntersuchungsamt für Chemie, Hygiene und Veterinärmedizin

Hamburg
Institut für Hygiene und Umwelt
Hamburger Landesinstitut für Lebensmittelsicherheit, Gesundheitsschutz und Umweltuntersuchungen

Hessen
Landesbetrieb Hessisches Landeslabor, Standort Kassel

Landesbetrieb Hessisches Landeslabor, Standort Wiesbaden

Mecklenburg-Vorpommern
Landesamt für Landwirtschaft, Lebensmittelsicherheit und Fischerei Mecklenburg-Vorpommern, Rostock

Niedersachsen
Niedersächsisches Landesamt für Verbraucherschutz und Lebensmittelsicherheit, Lebensmittelinstitut Braunschweig

Niedersächsisches Landesamt für Verbraucherschutz und Lebensmittelsicherheit, Lebensmittelinstitut Oldenburg

Niedersächsisches Landesamt für Verbraucherschutz und Lebensmittelsicherheit, Institut für Fischkunde Cuxhaven

Niedersächsisches Landesamt für Verbraucherschutz und Lebensmittelsicherheit, Veterinärinstitut Hannover

Nordrhein-Westfalen
Chemisches und Lebensmitteluntersuchungsamt der Stadt Aachen

Staatliches Veterinäruntersuchungsamt Arnsberg

Chemisches Untersuchungsamt der Stadt Bochum

Amt für Umweltschutz und Lokale Agenda der Stadt Bonn

Chemisches und Veterinäruntersuchungsamt Ostwestfalen-Lippe, Detmold

Chemisches und Lebensmitteluntersuchungsamt der Stadt Dortmund

Chemisches und Lebensmitteluntersuchungsamt der Stadt Düsseldorf

Chemisches und Geowissenschaftliches Institut der Städte Essen und Oberhausen

Chemisches Untersuchungsamt der Stadt Hagen

Chemisches Untersuchungsamt der Stadt Hamm

Institut für Lebensmittel- und Umweltuntersuchungen der Stadt Köln

Chemisches Untersuchungsinstitut der Stadt Leverkusen

Amt für Verbraucherschutz des Kreises Mettmann

Institut für Lebensmitteluntersuchungen und Umwelthygiene für die Kreise Wesel und Kleve, Moers

Chemisches Landes- und Staatliches Veterinäruntersuchungsamt, Münster

Gemeinsames Chemisches und Lebensmitteluntersuchungsamt für den Kreis Recklinghausen und die Stadt Gelsenkirchen in der Emscher-Lippe-Region (CEL), Recklinghausen

Chemisches Untersuchungsinstitut Bergisches Land Wuppertal

Rheinland-Pfalz
Landesuntersuchungsamt Rheinland-Pfalz, Institut für Lebensmittel tierischer Herkunft Koblenz

Landesuntersuchungsamt Rheinland-Pfalz, Institut für Lebensmittelchemie und Arzneimittelprüfung Mainz

Landesuntersuchungsamt Rheinland-Pfalz, Institut für Lebensmittelchemie Speyer

Landesuntersuchungsamt Rheinland-Pfalz, Institut für Lebensmittelchemie Trier

Saarland
Landesamt für Soziales, Gesundheit und Verbraucherschutz Saarbrücken

Sachsen
Landesuntersuchungsanstalt für das Gesundheits- und Veterinärwesen Sachsen, Standort Chemnitz

Landesuntersuchungsanstalt für das Gesundheits- und Veterinärwesen Sachsen, Standort Dresden

Landesuntersuchungsanstalt für das Gesundheits- und Veterinärwesen Sachsen, Standort Leipzig

Sachsen-Anhalt
Landesamt für Verbraucherschutz Sachsen-Anhalt, Standorte Halle und Stendal

Schleswig-Holstein
Landeslabor Schleswig-Holstein, Neumünster

Thüringen
Thüringer Landesamt für Lebensmittelsicherheit und Verbraucherschutz, Standort Bad Langensalza

Thüringer Landesamt für Lebensmittelsicherheit und Verbraucherschutz, Standort Erfurt

Thüringer Landesamt für Lebensmittelsicherheit und Verbraucherschutz, Standort Jena

Printed in the United States
By Bookmasters